U0178666

黑麦王国

俄 罗 斯 饮 食 简 史

The
Kingdom
of
Rye

A Brief History of Russian Food

［美］达拉·戈德斯坦 著

陈友勋 译

Darra Goldstein

GUANGXI NORMAL UNIVERSITY PRESS

广西师范大学出版社

·桂林·

黑麦王国
HEIMAI WANGGUO

著作权合同登记号桂图登字：20-2024-035 号

图书在版编目（CIP）数据

黑麦王国：俄罗斯饮食简史 / （美） 达拉·戈德斯
坦著；陈友勋译. -- 桂林：广西师范大学出版社，2024.6
书名原文：The Kingdom of Rye
ISBN 978-7-5598-6933-3

Ⅰ．①黑… Ⅱ．①达… ②陈… Ⅲ．①饮食－文化史－
俄罗斯 Ⅳ．①TS971.205.12

中国国家版本馆 CIP 数据核字（2024）第 091034 号

广西师范大学出版社出版发行

（广西桂林市五里店路 9 号　邮政编码：541004）
（网址：http://www.bbtpress.com）
出版人：黄轩庄
全国新华书店经销
深圳市精彩印联合印务有限公司印刷
（深圳市光明新区光明街道白花社区精雅科技园　邮政编码：518107）
开本：787 mm × 1 092 mm　1/32
印张：7.875　　　　字数：130 千
2024 年 6 月第 1 版　　2024 年 6 月第 1 次印刷
印数：0 001~6 000 册　　定价：68.00 元

如发现印装质量问题，影响阅读，请与出版社发行部门联系调换。

谨以此书献给我的妹妹

阿达斯·韦弗（Ardath Weaver），

这些年来她的支持和创造力一直指引着我。

И год хорош, коль уродилась рожь.

黑麦熟时是丰年。

——俄罗斯谚语

Дорого бы я дал за кусок черного хлеба!

为了换一块黑面包，我做什么都愿意！

——普希金《阿尔兹鲁姆之旅》（1835年）

目 录

序

　　对我的家人来说，俄罗斯是一处禁忌之地。我的祖父母早在20世纪初就选择逃离那里——我从不知道确切的时间——而且他们对这段历史讳莫如深。于是，俄罗斯赫然耸现于我的想象中，我在祖母的甜菜格瓦斯、酸叶草汤和卷心菜包肉中品尝到了它。

　　在大学里，我决定学习俄语，以便更深入地了解那个迷人的地方。当时我们没有受过专业的口语教学，只能通过语法教材和文学作品来学习这门语言。我在那些拒绝向我透露含义的文本中苦苦摸索，直到后来有一天，我突然看到一段描述食物的文章，这门语言便从此神奇地向我敞开了大门。让人意想不到的是，这些内容其实经常在阅读中出现。起初，我凭感觉消化这些句子，甚至在理解单词含义之前。只有在象征性地品尝过其描述的那些菜肴之后，我才会在字典里查那些陌生的单词，记住它们的确切含义。

文学大餐一顿接着一顿。我不但语言能力随之提高，而且也开始渴望能亲自去俄罗斯一趟。一想到我要去那里旅行，我的祖母就恐惧不已，但1972年我还是完成了自己的心愿。第一次呼吸到的苏联空气让我的一切浪漫想法烟消云散：这个地方弥漫着一股煮过头的卷心菜的味道。这种食物看起来灰不溜秋的，正好可以融入周围昏暗的环境。它既不是我在19世纪文学作品中读到的那种受法国影响的高级烹饪，也不是俄罗斯农民日常食用的乡村菜肴。它是食材紧缺时期的苏维埃食物。第一次去俄罗斯时，我没有品尝到著名的鱼肉馅饼，那种被契诃夫色情地描写过的鱼肉馅饼"库莱比阿卡"（kulebiaka）[1]，也没有品尝到"布林尼"（bliny）——一种厚实的煎饼，果戈理笔下的男主角乞乞科夫将其在融化的黄油中蘸过之后，一次就能吞下三个。但那些点缀着香菜的黑麦面包、内夹香甜农家奶酪的敞口面饼、混合着醋和芥末的西伯利亚饺子、半酸的黄瓜以及经盐水腌制的金色云莓，

---

1. 本书存在大量俄译英的音译词，为方便读者查找对应的所指物，这些俄语音译词会以括注的形式出现在中译名之后。——编注

还是让我大为振奋。唯有在破除表象（以及对外国人的行为规范）之后，我才终于开始体验俄罗斯生机勃勃的风味。

一进研究生院，我就打算写一篇论文，研究那些在俄罗斯文学中曾出现的食物。然而，我的想法太超前了。在1974年，美国学术界几乎没有人把食物当回事，当然也包括斯坦福大学的教授们，他们坚持认为这种浅薄的研究没有未来。于是我只能转而研究俄罗斯现代主义诗歌（对此我并不后悔）。然而，我从未放弃这样一个狂妄的想法：写一本关于俄罗斯食物的著作。在准备入学考试期间，我摘抄下自己在两个多世纪以来的俄罗斯文学中所看到的每一种食物。这些笔记中的很多内容最终进入了我的第一本烹饪书《俄式：好客俄罗斯人的食谱》（*A la Russe: A Cookbook of Russian Hospitality*），该书于1983年9月出版，当时我刚开始在威廉姆斯学院教授俄罗斯文学。写那本书，可能一开始只是暗中发泄我对教授们古板态度的愤懑和不满，但它同时见证了那一年发生的大事：我从研究生院休学，转而为美国新闻署驻俄机构（United States Information Agency in Russia）工作。我担任了美国农业展览的导游，这是1958年美苏文化协议[1]的成果。这次展览对美国丰饶农业的展示，并非与政治无关。这是对一个因冷战而严重短缺粮食的国家的挑衅。我与克格勃（KGB）[2]有过一次短暂而令人不快的接触，美国国务院安全部门的一次汇报更是让情况雪上加霜。直到为期十个月的工作结束时，我已经准备放弃对俄罗斯的研究了，尽管我已经在上面投入了相当多的精力。但俄罗斯人的殷勤款待将我拉了回来。普通人请我到简陋的厨房里吃饭，我们围坐在小桌前，用不配套的盘子和叉子吃着美味的食物。我对俄罗斯的研究能够继续，得益于所有向我敞开家门的俄罗斯人的慷慨大方，他们往往冒着极大的风险，分享从稀缺的手头资源中所能拼凑出来的一切东西，这本书就是我为他们而写的一封感谢信。

这些年来，随着我在苏联和后来的俄罗斯四处

---

1. 冷战期间美苏双方为增进彼此非官方层面的文化交流与互动而签署的协议，其中包括允许向对方国家播放未经审查的广播和电视节目，开通航班，开放留学生名额等。——编注

2. 又名苏联国家安全委员会，是苏联搜集对外情报，开展反间谍和国内安全工作，执行边境保卫任务的主要负责部门。——编注

旅行，我对俄罗斯食物的兴趣与日俱增。当时我还在档案馆工作，研究俄罗斯诗歌。但我真正目的是了解俄罗斯的饮食文化——古老菜肴的起源、俄罗斯传统炉灶的作用、有关烹饪准备的迷信、来自东正教的影响、厨房中的性别角色、餐桌礼仪、东西方食物的引进以及俄罗斯将其内化为本土口味的方式。挖掘那些可以追溯至一千多年前的俄罗斯最原初的味道，并尝试定义俄罗斯美食的根本，这对我而言是乐趣也是激情。

我的研究最终把我带到了俄罗斯北部的小村庄。那里的厨师仍然在用砖砌炉灶烹饪食物，他们每年都要储存好几升采集与种植而来的水果，尤其是浆果，以应对即将到来的严酷寒冬。我在2020年出版的最新一本烹饪书《北风之外：食谱和传说中的俄罗斯》（*Beyond the North Wind: Russia in Recipes and Lore*）中对这些食物进行了描绘，而现在你手上的这本书是它更加历史性与民族志学的一面。《黑麦王国》追溯了从基督教诞生前一直到当代俄罗斯的饮食文化，代表了我此生研究俄罗斯及其美食奇迹的巅峰成就。在紧张局势再次将俄罗斯与西方割裂之际，这种文化理解变得尤为重要。

关于书中的音译和翻译的说明：我遵照美国国会图书馆修改过的系统校订全书，但有不同拼写传统的专有名称不在此列，如"梅契尼科夫"（Metchnikoff）。此外，除非特别说明，书中所有俄译英内容均出自本人之手。

导　言

　　19世纪的俄罗斯到处都是姜饼——形状各异、大小不同，有的画着图案，有的饰以雕刻，有的盖着印花。如果我们相信一本1838年旅游指南的作者，那么仅戈罗杰茨城（Gorodets）每年生产的姜饼就达到了惊人的36万磅[1]。在俄罗斯，姜饼是一种高度本地化的食物，许多城市和村镇都声称自己生产的姜饼质量最好。维亚济马姜饼（Vyazma prianiki）一口大小，它在面团里加入的蜂蜜极其黏稠，以至于人们必须用木槌捶打，并经过几天（有时是几周）的处置，才能使其达到适合烘烤的黏稠程度。上面的蜂蜜除了能给饼干提味，还能够让它保持湿润，并且时间长达数月

---

1. 1磅约为0.45千克。——编注

之久。美食家们知道，在吃这种姜饼时，不能囫囵吞下去，而要让每块饼干在口中慢慢融化，这样才能释放出蜂蜜的味道。来自戈罗杰茨的巨无霸姜饼则被烘烤成饰有浮雕图案的大条面包，是将面团压在雕刻木板上制作而成的。这些姜饼可能有6英尺¹长，重达36磅。特维尔（Tver）烘焙的姜饼极为出名，甚至在1876年被送到费城百年国际博览会，在那里它与亚历山大·格雷厄姆·贝尔以及阿尔伯特·爱因斯坦的发明一起展出。在那届博览会上，这款姜饼因品种多样、设计新颖而获得铜牌。

俄罗斯姜饼最初只是把黑麦面粉、蜂蜜和浆果汁混在一起，并在烘焙之前发酵几天。由于蜂蜜在混合物中几乎占了一半，这种食物一直被称为"蜂蜜面包"，直到几个世纪后人们开始在其中添加香料。越来越多的面包师把姜饼作为一种媒介，来向世界展示他们的高超技艺。姜饼一开始被塑造成各种抽象的立体形状，后来才发展成精美的长条面包状。在面团上压制图案的姜饼板成为俄罗斯民间艺术的一种重要表

1.1英尺约为0.3米。——编注

现形式，反映了这种食物在装饰主题上的发展趋势：从公鸡和鲟鱼这样的常见生物到可以被切分成独立方块的复杂叙事场景。最奢侈的姜饼则是用金箔来加以装饰的。

这种把平凡之物变得梦幻的、从简单到奢侈的发展，可以说具有典型的俄罗斯风格。面包师们肯在一种非生存必需的食物上花费如此大的精力，这其实是一个生动的例子，展现了传统的俄罗斯烹饪文化如何克服重重阻力——严酷的气候、专制的政权和严格的宗教约束——让俭朴的生活闪耀出奢侈的光芒。

过去，大多数俄罗斯民众生活在温饱边缘，摇摆于饥饿与一场可能会被过早的霜冻、干旱、冰雹、虫灾或人为破坏的年收成之间。在沙皇时代，农民手头缺钱，这意味着当他们的庄稼歉收时，即使附近可能有丰富的谷物和面包，他们也无力购买。在苏联时代，粮食经常会因收割机械缺乏备件而在田间腐烂，或者由于物流系统周转不畅，在运到目的地时已经变质。俄罗斯经历的饥荒远远超过其他国家。在20世纪，最严重的饥荒时期——1921至1922年内战期间的俄罗斯大饥荒（Volga famine），1932至1933年残

The Kingdom of Rye

黑麦王国

图1：来自俄罗斯西北部城市沃洛格达（Vologda）的木制姜饼板，制作于19世纪下半叶。木板的雕刻图案让面包师可以创造出迷人的设计，以浅浮雕（bas-relief）的形式出现在烤熟的姜饼上。最好的姜饼板是用梨树和桦树之类的硬木做成的，上面可以雕刻出精致的图案细节。在烘烤的时候，先把硬邦邦的姜饼面团压在涂满黄油的木板上，在放入烤箱之前，把面团取出来，接着放到一块金属薄板上。这里展示的公鸡，结合了抽象与有机统一的形式，是典型的俄罗斯姜饼民间艺术，收藏于圣彼得堡彼得大帝人类学与民族学博物馆（Kunstkamera, Saint Peterburg）

酷的集体化运动，以及二战期间的列宁格勒围城战役——都并非由自然力量造成，而缘于社会动荡和利己主义的政治决策。

即使在没有发生重大灾害的年份，俄罗斯农民也会挨饿，或至少是缺衣少食，但资源匮乏反而成为激发他们创造力的源泉。在永远铭记那些黑暗历史的同时，本书赞美了俄罗斯人民应对困难的聪明才智，以及他们从贫穷中保留下来的味觉享受。俄罗斯人遭受的逆境反而催生出了一系列惊人的烹饪手法。当我品尝到大蒜和辣根的辛辣、乳酸发酵的蔬菜和水果的浓烈味道以及黑面包的酸味时，当我醋畅淋漓地吞咽全谷食物、体验蘑菇的森林风味以及云莓的柔和口感时，我想起了俄罗斯人腌制食物的能力及其抵抗灾难的韧性。

它们都是这片土地的味道，经过普通发酵、慢煮、细菌发酵（culturing）[1] 和烘烤，变成了比其中任一做法都更美味的佳肴。如果英语国家的穷人只能靠自己动手来丰衣足食，那么俄罗斯人则凭借"从面包到格瓦斯"来生存——格瓦斯（kvass）是一种由变味的黑麦面包制成的发酵饮料，而面包则是俄罗斯饮食的主要支柱，后者即使在现代也被认为是神圣的食物，从未被他们浪费过。面包可以被晒干并发酵成起泡的格瓦斯，或者加上苹果酱与一小点蜂蜜，制成一层面包碎屑，塞进布丁中。俄罗斯有一种广受欢迎的甜点"卡卢加面团"（Kaluga dough），得名自其原产地，由不新鲜的面包屑和混入香料的蜂蜜糖

---

1. 在俄罗斯饮食中，发酵的方式有很多种，细菌发酵是其中一种特殊形式，具体参见第一章。——编注

浆炖煮而成。在俄罗斯，燕麦不只是用来煮粥，它可以在晾干后经烘烤、捣碎制成一种叫作"陀洛可楼"（tolokno）的燕麦粉。这种燕麦粉可以给煎饼和奶制品增添一种类似坚果的味道，或者冲泡成燕麦牛奶；一千多年后，这种牛奶在布鲁克林大受欢迎。荞麦粒与清炒过的鸡油菌和洋葱混合，再以腌制的越橘稍加点缀，就可以出现在早期俄罗斯人的饭里。尽管从东方和西方引进新的食物品种丰富了俄罗斯人的餐桌，他们的典型口味却出人意料地保持不变。他们喜欢那些包括酸奶油和类似酸奶的"普若斯托科瓦斯哈"（prostokvasha）在内的经过细菌发酵的乳制品的浓烈味道，喜欢大口咀嚼呛人的芥末和辣根，以及发酵黄瓜和卷心菜所产生的刺激感。人类学家西敏司（Sidney Mintz）曾经提出一种"核心–边缘"（core-fringe）假说，即一种饮食文化的"核心"，通常是一种清淡的合成性碳水化合物，但这种"核心"会因该饮食文化"边缘"地带佐餐的大胆搭配而充满活力，变得生机勃勃、丰富多彩。按照这种思路，我们可以见证俄罗斯老百姓的创造力，他们用普通发酵与细菌发酵过的食物来补充黑麦、荞麦和燕麦等俄罗斯美食中的核心主食。补充这些边缘食材，给食物中的淀粉增加了辣味，同时给俄罗斯人提供了必要的营养物质，而这些营养物质，通常以我们今天喜欢兜售的"益生菌"形式出现。

频繁的饥荒使俄罗斯人产生了某种宿命论。这是一种残酷的讽刺，让人们面对饥饿时变得更加从容：只要得到诸神的怜悯，我们就可以填饱肚子；但如果得不到诸神的垂青，那我们就只能靠自己了。在俄罗斯于988年接受基督教之后，俄罗斯东正教会精明地将每年近200天定为斋戒日，从而使贫困变成了一种美德。这种长期的斋戒与土地最贫瘠的季节刚好吻合。但俄罗斯东正教日历也显示出对人性的通晓，严格的斋戒不时被宗教节日打断，这让人们总能期盼点什么事情。在这些节日里，厨师可能会烘烤一个丰盛的馅饼，一些姜饼，或用一点肉来炖汤。然而，在一年的大部分时间里，农民们都在等待救济，或者梦想着出现"魔法野餐布"（skatert'-samobranka）——一块在俄罗斯童话故事中可以自动铺开的桌布。这样的美食乌托邦在中世纪的欧洲很常见，安乐乡（Cockaigne）就是其中最著名的一个。但俄罗斯的版本在某种程度上显得更加直接：只要你能把手放在神奇的桌布上，将其铺开，奢华的美食就会立刻出现。

诸如此类神奇桌布的梦想不仅仅发生在童话故事里，也不只存在于过去。进入20世纪后期，政府大肆宣扬国家富裕，以制造一种物质生活优越的景象。商店的橱窗里巧妙地摆放着罐装食品，从而掩盖了里面空荡荡的货架。莫斯科为数不多的几家高档餐厅得意扬扬地向食客们展示用皮革装订的超大菜单，上面列出了几十道美味佳肴，而厨房真正能够做出来的却寥寥无几。晚间新闻节目结束的时候，屏幕上会播放农业大获丰收的画面，小麦像金色的瀑布一样从料斗中倾泻而下——而事实上，政府经常被迫进口小麦，以确保有足够的牲口饲料和食用面包。食物的供应具有随机性，时而出现时而消失，因此购物需要真正的才能，即使食物看似已经所剩无几，只要你知道获取渠道，几乎任何东西都可以弄到手。同时，俄罗斯人确实有办法用他们搞到的食材烹饪出我所品尝过的最精美的菜肴——食物短缺成了创造力的催化剂。

我是通过阅读俄国文学中对食物的诱人描述才接触到俄罗斯美食的：尼古拉·果戈理描绘的四角馅

饼，馋得"连死人都会流口水"；契诃夫笔下的库莱比阿卡，一种分层的鱼肉馅饼，"令人胃口大开，简直是赤裸裸的引诱，让人想入非非"。这些诱惑加上其他一些因素，使我渴望访问俄罗斯，品尝它的美食。但当冷战期间我最终到达那里时，我为食物短缺和平庸烹饪技术所展现出的现实感到震惊。我试着把自己在想象中品尝过的美味佳肴和我在现实中维生的日常食物调和起来，比如俄式沙拉（stolichnyi salat，意为"首都沙拉"），一道由土豆、鸡肉以及滴着蛋黄酱的蔬菜组成的金字塔形的沙拉。这道我几乎每天都吃的沙拉是当时菜单上为数不多的固定菜品之一，它有着舒适而又出人意料的风味。吃第一口的时候，我根本不知道这道"首都沙拉"就是大厨吕西恩·奥利弗（Lucien Olivier）在19世纪60年代首次介绍给莫斯科时尚人士的那道精致沙拉的低配版本。我也没有意识到，在每一碗罗宋汤、每一滴精心制作的基辅鸡肉黄油背后，都藏着一段不但隐秘，而且往往还很复杂的历史。

烹饪实践就像语言一样充满活力，并随着它们所处的社会环境而不断变化。新食物不断推出，旧菜肴不再招人待见，厨房技术随着新的饮食趋势的发展而产生相应变化。因此，想要找到一道稳定的民族美食似乎不太现实。但是，就像我们可以在语言中追溯词源，我们也可以识别出代表性的食材和独特的烹饪语法，或显著的用餐哲学与特定的风味特色，它们共同展现出一道菜肴的典型特征。用二元对立与简单的并置排列来讲述俄罗斯的烹饪故事是一种诱人的想法：匮乏与丰盛、盛宴与禁食、贫穷与富裕、克制与奢侈、保守与华丽。这种二元对立可以揭示很多关于社会结构和食物消费方式的信息，但它们无法传达对我来说最重要的东西：食物的味道和质地、烹饪准备技术、餐桌美学……也许，它所激起的文化共鸣以及传统口味带来的情感价值超越了一切，即人们如何透过一起吃的食物来了解自身。

写关于食物的文章首先需要作者具有欣赏食物感官品质的能力，无论它是秋天安东诺夫苹果散发出来的醉人香味，还是用猪蹄炖制、被当地人称为"斯图登"（studen'）的肉冻所散发出来的内脏气味。一张有俄式蜡烛光芒闪烁的、摆满鲜花的贵族餐桌，与农民家庭的一块粗糙木板（上面摆放着一锅用野生蘑菇和大麦熬出来的、供全家食用的菜汤）之间有什么相似之处？除了在俄国文学中，你还能在哪里找到那个19世纪"多余人"[1]的原型？他一边哀叹着生命的空虚，一边伸手去拿另一块馅饼，仿佛寻找真理的化身。谁能说那个"多余人"不应该通过感官的愉悦而发现真理？俄罗斯本土的这段食物史，让我们得以一窥人们的日常生活，呈现一段源于木勺而非权杖的历史。

---

1. 这一说法最初来自屠格涅夫的《多余人日记》，后经评论家总结成为19世纪俄国文学中的一种人物类型，特指接受过西化思想、有改变俄国社会的想法却因缺乏行动力而将自己放逐于赌博、决斗、宴饮之中消耗生命的贵族知识分子，代表人物有叶甫盖尼·奥涅金、罗亭、奥勃洛莫夫等。——编注

土 地 及 风 味

The Land and Its Flavors

老人揉碎了一些面包，倒进杯子里，用勺柄捣碎。然后从磨石盒子里倒了一些水，又切了一些面包，撒上盐之后，转向东方，开始祈祷。

——列夫·托尔斯泰，《安娜·卡列尼娜》

在俄罗斯，任何传统膳食的核心都是黑面包，一条由厚实的酸面团制成的黑麦面包。上面这位老人的简单晚餐其实叫作"蒂乌里亚"（tiurya），通过将面包屑浸泡在格瓦斯中制成，而格瓦斯是一种由黑麦面包制成的发酵饮料。所以"蒂乌里亚"本质上是面包里的面包，有时会加一点洋葱调味。黑麦在俄罗斯人的饮食中的地位根深蒂固，以至于到了19世纪晚期，俄罗斯30%到60%的耕地每年都种植这种作物，使得它变成了一个名副其实的"黑麦王国"。农民们把面包放在胸前，朝着心脏方向水平切开，以表达他们对黑麦面包的由衷敬意。在俄罗斯，浪费面包屑被认为是一种犯罪。甚至到了20世纪后期，所有烹饪书都还在致力讲述如何使用剩余的黑面包。

黑麦面包营养丰富，难以消化，也因此有助于抵御饥饿。面包不仅给人们带来营养，也是一种神圣礼仪的象征。《安娜·卡列尼娜》中的老人在饭前进行祈祷并不奇怪，因为大多数俄罗斯农民都是虔诚的东正教徒。但他转向东方的事实揭示了更多关于俄罗斯人及其生活世界的信息。早期的斯拉夫人认为太阳是上帝观察世界的眼睛，即使在基督教出现之后，他们也没有放弃对太阳的崇拜。这是异教徒时代遗留下来的信仰。老人面朝太阳升起的方向，仿佛在祈求太阳神"达日博格"（Dazhbog）的祝福。直到今天，俄罗斯人还会制作他们钟爱的煎饼，金黄色的圆形布林尼，就像一千多年前一样——那时人们会在春分时把煎饼放在滚烫的石头上烘烤，以诱使太阳在经历了漫长、黑暗的冬季后返回。俄罗斯人通过遵循传统来表达敬意，即便如今他们不再有意识地将圆形煎饼与太阳神联系起来。

统治早期斯拉夫世界的众多神灵并非总是对人类充满善意。对俄罗斯人来说，大自然不仅仅是作为一道风景或背景而存在的；相反，它代表一种至关重要，而且往往不可预测的力量。比如，森林精灵"莱西"（leshii）如果捣乱，就会让猎人打不到猎物。树木即使被砍伐之后，上面的精灵也不会离开，它们就在茅屋的四壁出没。这些居住在房屋和谷仓的精灵，要么对所在的家庭提供保护，要么大肆破坏，因此，它们给人们带来的不是福祉就是灾难。即使在今天，俄罗斯人仍经常到森林、草地和沼泽去采集大自然赠给人类的礼物——蘑菇、浆果和野生草药。这反映了一种内在的精神需求，一种根深蒂固的心理渴望：不仅要待在户外，而且要融入大自然，呼吸弗拉基米尔·纳博科夫在《说吧，记忆》（*Speak, Memory: An Autobiography Revisited*）中所描述的"一种让俄罗斯人鼻孔张大的特殊的牛肝菌臭味——一种由潮湿的苔藓、肥沃的土地和腐烂的树叶混合在一起而产生的黑暗、阴湿、令人惬意的气味"。

主 食

俄罗斯横跨两大洲，约占地球陆地面积的七分之一。任何对该国美食的概述，都必然略去了该国因幅员辽阔而产生的巨大生态差异。在俄罗斯中部，大量的黑钙土——延伸到欧亚大草原的异常肥沃的土壤——让人们可以发展高产农业，尤其是种植谷物。而在南方，温和的气候有利于茄子和酿酒葡萄等喜热作物的生长。北方的饮食则十分有限，更多地依赖鱼类和丰盛的谷物。尽管如此，我们还是可以识别出俄罗斯餐桌上的各种食物风味，以及当地人的口味偏好。

俄罗斯北部是针叶林的故乡，这是一片广阔的北方森林，旅行者曾报道他们在那里的蜂箱中看见呈"大池塘"和"湖泊"状的蜂蜜，野生蜜蜂簇拥在一旁。蜂蜜是俄罗斯历史悠久的甜味剂，最早会与黑麦粉和浆果汁混合起来制成姜饼，并用于长期保存水果和蔬菜。它构成了俄罗斯人所擅长酿制的芳香蜂蜜酒（aromatic meads）的基础。到了17世纪，英国园艺学家约翰·特拉德斯坎特（John Tradescant）在访问俄罗斯北部城市阿尔汉格尔斯克（Arkhangelsk）时，曾宣称俄罗斯蜂蜜是世界上最好的蜂蜜。在19世纪，蜂蜜一直是俄罗斯人主要的甜味剂，直到甜菜工业的兴起降低了糖的价格。

森林还提供了丰富的蘑菇和浆果，能够对以谷物为主的贫乏饮食提供补充——在俄罗斯，除了黑麦，谷物主要还包括斯佩尔特小麦、大麦、燕麦、小米和荞麦。谷物通常被做成燕麦粥或麦片粥，特别是做成一道名为"基塞尔"（kisel'）的甜品。比如用燕麦制作的基塞尔是将燕麦全部浸泡在水中后过滤得到的。这种富含淀粉的液体（原来的燕麦牛奶）会被放置发酵几个小时，人们通常会加入一片黑麦面包来加速发酵。然后将燕麦牛奶微微加热，直到它凝固，其坚硬程度介于略微变稠的液体和可切片的块状之间即可。直到20世纪，基塞尔仍然是斋戒期间的主食，尤其用干豌豆粉做成的基塞尔，上面会淋上大麻籽油或亚麻籽油。基塞尔在今天仍然很受欢迎，尽管它现在主要由新鲜水果制成，并作为饮品享用。这种贫困时期产生的食物，其吸引力在贫困时期结束之后依然存在。

燕麦还可以制成陀洛可楼，一种质地细腻、尝起来有坚果味道的燕麦粉，看似简单，掩盖了以前制作它所需要付出的艰苦劳动：将完整的燕麦浸泡24小时（最好是放进一个布袋里，固定在湍急的河流或小溪的底部），直到它们开始发芽。然后，把它们装进一个陶罐里，放在巨大的砖砌炉灶上慢慢地蒸24小时。只有这样，燕麦才能被烘干、去皮，最后再被捣碎（不要磨碎）成面粉。陀洛可楼与水混合之后可以制成麦片粥，也可干撒在布林尼煎饼上，或者与酸奶油和农家奶酪"特乌若格"（tvorog）一起制成营养十分丰富的甜品"德圳"（dezhen'）。

采集的食物可以当季享用，不过大多数都被保存起来，以备在新鲜食物匮乏的时候食用。蘑菇会被腌制或风干，偶尔也用醋来浸泡；浆果则和蜂蜜一起煮成果酱、榨成果汁、发酵成格瓦斯，或晾干成"果丹皮"。果园里种植出来的水果也很珍贵，尤其是苹果和樱桃。为了长时间保存，苹果经常被放在盐水里轻度浸泡，或者处理成一种"果丹皮"，后者随着时间的推移会演变成今天优雅的"帕斯蒂拉"（pastila）[1]。直到9世纪晚期，在最早的俄罗斯国家基辅

---

1. 一种俄罗斯传统的水果软糖，由俄罗斯苹果或捣碎的北方浆果制成。——编注

罗斯（Kievan Rus'）开始种植卷心菜之前，萝卜一直是主要的园艺作物。如今俄罗斯厨房里常见的洋葱和大蒜也是在那个时候引进的。尽管它们的种植速度较慢，但卡莱尔伯爵（Earl of Carlisle）在1663年访问莫斯科公国（Muscovy，中世纪晚期莫斯科地区的大侯国）时，他的秘书指出，"洋葱和大蒜在俄罗斯人中间很常见，特别是在他们的四旬期（Lent）[1]里，人们只要用鼻子一闻，就能知晓个中底细"。其他与俄罗斯密切相关的主食——如土豆和葵花籽油——都是在很久以后才进入食品储藏室的。

在整个中世纪，许多新食物，包括香料在内，都沿着贸易路线从拜占庭帝国引进到俄罗斯，从而让富裕的食客有机会吃到柠檬，并用藏红花、丁香、肉豆蔻、肉桂、小豆蔻和姜粉给他们的肉、鱼、汤和甜食调味。希腊僧侣和黑海商人带来了其他一些食物，其中最著名的就是荞麦，在俄罗斯口语中被称为"格瑞奇卡"（grechka），意为"希腊食物"。它很快就成

---

1. 也称大斋期、严斋期，总共40天，是东正教会准备圣周与迎接复活节的斋戒时期，也是教徒悔改、禁食和为复活节的到来做准备的时期。——编注

为俄罗斯最受欢迎的卡沙（kasha），即麦片粥。齿擦音丰富的俄罗斯谚语"Shchi da kasha, pishcha nasha"（卷心菜汤和卡沙粥，这是我们的食物）充分说明这两道菜处于俄罗斯美食的核心位置。在俄罗斯，卷心菜汤具有特殊的象征意义。在俄语中，表示卷心菜汤的"什池"（shchi）可以追溯到一个古老的斯拉夫词语，意为"维系生命的营养"，它本身来自梵语单词"suta"。"suta"是从苏摩（soma）中提取的汁液，而苏摩是在古印度吠陀祭祀中所用的一种植物。这种果汁被认为很神圣，是一种必不可少的奠酒，能够赋予人们太阳的能量。如果依照这种词源关系及其逻辑思路，我们可以看到，什池的神圣本质不在于它里面包含着随时间推移而成为人们欲望对象的肉食，而在于其中的液体，无论其形式是发酵白菜后的卤水还是新鲜白菜的炖汤。

对俄罗斯人来说，吃饭不喝汤就不算正餐，并且对他们大多数人来说，汤一般就是正餐。俄罗斯的汤种类繁多，有基于蔬菜和谷物（野生蘑菇和大麦）的丰盛的"波赫廖布卡"（pokhlyobka），也有贵族们钟爱的、用小体鲟和香槟熬制的精美鱼汤。熬汤凸显了俄罗斯人的匠心。很多汤，比如"拉索尔尼克"（rassol'nik），都加入了泡菜卤水，以产生俄罗斯人喜欢的酸味，并确保美味的卤水不会被浪费。在俄罗斯，有一种最珍贵的汤被称为"乌卡"（ukha），它是一种透明的鱼汤，其唯一不变的配料就是鱼、水、盐和胡椒。厨师通过选择不同的鱼类，将其与不同的草药和香料搭配而改变汤的风味。乌卡以前按颜色分类，黑色的乌卡汤里含有鲤鱼等在水体底层觅食的鱼类，白色的乌卡汤含有梭子鱼或鲈鱼，而红色（词源上与俄语的"美丽"一词有关）乌卡汤则含有珍贵的鲟鱼。鱼汤也可以根据其中不同的调味品而拥有色彩斑斓的绰号：黄色的鱼汤含有藏红花，黑色的鱼汤含有胡椒、肉桂和丁香，而白色的鱼汤几乎不含任何香料。

也许最能揭示俄罗斯人对不同口味偏好的是他们在喝汤时的佐餐小吃。即使到了今天，在俄罗斯，汤也从来不会单独供应，而总是和面包、手抓馅饼、饺子、面包丁或其他小吃一起端上来。俄罗斯的传统决定了搭配每种汤的最佳小吃，虽然这些小吃中也包含了许多变化。比如，油炸面包丁的形状和烹饪方法，在搭配酱汤时就与搭配清汤时不同；搭配辣味汤的油炸面包丁需要加入奶酪和辣椒粉。埃琳娜·莫洛霍韦茨（Elena Molokhovets）在19世纪的经典烹饪书《给年轻主妇的礼物》（*A Gift to Young Housewives*）中用了整整一章的篇幅来介绍170种配汤小吃的食谱，其中许多是手抓馅饼。

事实上，馅饼是俄罗斯美食的另一个标志性特征。在盛大的宴会上，它们构成了一个单独的菜系。其种类几乎无穷无尽，囊括了从诸如"皮罗兹赫基"（pirozhki）之类的手抓馅饼到豪华的库莱比阿卡（一种鱼肉馅饼，在法国高级菜肴中被升级为肉馅卷酥饼，是一种多层食物，其中包含鲑鱼和鲟鱼、薄煎饼、荞麦粒或米饭、蘑菇、洋葱和草药）和"库尔尼科"（kurnik，一种高高的圆锥形馅饼，里面有鸡肉、薄煎饼、蘑菇、米饭和煮得很熟的鸡蛋）这样不乏奢靡华丽的肴馔。馅饼通常是在砖砌炉灶的炉石上烤制的，但较小的馅饼可以用黄油或鹅油煎炸，或者在斋戒日里，用大麻籽油或亚麻籽油煎炸。

大自然对俄罗斯的馈赠包括河流和湖泊中丰富的淡水鱼、草地和沼泽中的野禽，尽管不同社会阶

The Kingdom of Rye

黑麦王国

图2：弗拉基米尔·索克拉耶夫（Vladimir Sokolaev），《黄油周的馅饼》（*Butter Week Pies*），1976年。四旬期前有一个节日叫作"马勒斯尼沙"（Maslenitsa），或者称为"黄油周"，是人们向冬天告别的仪式。依照传统，人们会在这个节日吃下大量布林尼薄煎饼。当然还有其他的乐事。在为期一周的庆祝活动中，街道上到处都是卖各种食物的小贩，例如图中所示的位于西伯利亚城市新库兹涅茨克（Novokuznetsk）的马雅可夫斯基广场，热腾腾的"皮罗兹赫基"或其他手抓馅饼在寒冷的空气中冒着热气。该作品收藏于莫斯科多媒体艺术博物馆（Multimedia Art Museum, Moscow）

层获取食物资源的机会并不均等。俄罗斯绅士们既有闲暇，也有能力从事狩猎和捕鱼。19世纪作家谢尔盖·阿克萨科夫（Sergei Aksakov）的《钓鱼笔记》（*Notes on Fishing*）和《奥伦堡省一个猎人的枪猎笔记》（*Notes of a Provincial Wildfowler*）之所以出类拔萃，不仅是因为他在作品中分享的实用知识，还要归功于他敏锐的观察力以及对大自然的强烈归属感。相比之下，在19世纪占人口总数85%的农民经常被禁止在地主的土地上狩猎或捕鱼，他们也不能享用被认为是美味佳肴的榛鸡、鹬和江鳕。江鳕鱼肝因为能加强汤和馅饼的油性而特别受人欢迎。

俄罗斯人民在财富、土地所有权以及获取本地和进口食物方面并不平等，这使得我很难对俄罗斯美食进行整齐划一的描述，特别是在彼得大帝上台（1696—1725）之后，他在18世纪的改革导致烹饪词汇发生了巨大的变化。随着法语成为精英阶层的语言，法国高级烹饪征服了俄罗斯富人的厨房。即使是像斯特罗加诺夫牛肉这样表面上看起来典型的俄罗斯菜肴，也不过是一道披着俄罗斯外衣的经典法式杂烩，它用酸奶油代替了甜奶油，还添加了俄罗斯人喜爱的蘑菇。但农民的餐桌没有受到这些外来入侵的影响。

大多数俄罗斯人靠面包、粥和汤维持生存，同时配以他们能够找到的任何食物。富裕阶层，如富有的商人，以他们在餐馆举办的奢侈——有时甚至称得上奢靡的肴馔而闻名；而拥有一头奶牛的富裕农民，则可以消费一系列乳制品，包括常见的特乌若格（农家奶酪）和斯美塔那（smetana，酸奶油）。然而，绝大多数人必须更加机敏，通过食材本身的美味来弥补饮食的单调。俄罗斯黑面包香气浓郁，带着美妙的酸味；而荞麦粥则通过加洋葱和野蘑菇而变得更接地气。还可以通过添加富含脂肪、夹带蒜味的"萨罗"（salo，一种腌制的猪背肥肉，类似于意大利的熏肉［lardo］）来给汤调味，加入莳萝则可以增添汤的色泽。即使是拥有私人法国厨师的贵族，也抵挡不住传统俄罗斯食物的诱惑：在他们的菜单上，间或可以看到清汤配可丽饼（crêpe）、法式炖牛肉（boeuf à la cuillère）配库莱比阿卡鱼肉馅饼以及俄式鲟鱼的选项。

　　最重要的是，俄罗斯人普遍存在的口味偏好包括对酸味的喜爱，这主要表现在经典的黑麦面包和用乳酸发酵的黄瓜和卷心菜上；而他们对酸甜味的喜爱则体现在把洋葱放在蜂蜜中慢慢炖煮，直到化为焦糖，变成一种被称为"沃茨瓦"（vzvar）的佐料；而酸味总是通过甜菜格瓦斯、醋、柠檬或近来多用的西红柿的形式注入罗宋汤。《爱丽丝梦游仙境》的作者刘易斯·卡罗尔曾在1867年陪同他的朋友、神学家亨利·利登（Henry Liddon）一起到访俄罗斯，因为后者想要促进英国国教和俄罗斯东正教的重新统一。在日记中，卡罗尔描述了自己在路边小客栈所吃的一顿饭："这个地方之所以特别，还因为我们在这里第一次品尝到当地一种叫'希特歇伊'（shtshee）的菜汤，它很适合饮用，虽然有些酸，但这大概是俄罗斯口味中的必需。"除此之外，俄罗斯人也喜欢咸味和辣味，于是辣根和浓芥末成为大受欢迎的调味品。所以，与刻板印象相反，当俄罗斯食物得到精心准备时，其味道就一点也不清淡。

"土地是母亲，面包是父亲"

虽然白面包在俄罗斯人的饮食中占有重要地位，但说到"面包"，仍然会让人想起俄罗斯人吃了几百年之久的那种厚实、黝黑、用黑麦酸面团制成的黑麦面包。黑麦面包比小麦面包更健康，这要归功于黑麦面包中含有丰富的复合维生素B，以及由乳酸发酵产生的、对肠道有益的微生物。此外，还因为黑麦淀粉比小麦分解成糖的速度更慢，产生胰岛素的反应更弱，所以吃黑麦面包让人不容易产生饥饿感。虽然俄罗斯农民不知道这些食品化学领域的精细考量，但他们知道如何保持身体强壮，也明白没有黑面包就活不下去。在这方面，俄罗斯的精英阶层也不例外，尽管他们还可以享用美味的白面包。诗人亚历山大·普希金在《阿尔兹鲁姆之旅》（A Journey to Arzrum）中，转述了他的朋友彼得·瓦西列维奇·舍列梅捷夫中校的抱怨。这位中校最近刚从法国执行任务回来："兄弟，在巴黎生活真是艰难。那儿没什么吃的，连黑面包都没有。"

1626年，沙皇米哈伊尔·费奥多罗维奇（Mikhail Fyodorovich）在一份规范面包重量和价格的文件中，列出了26种不同种类的黑麦面包。面包的价格取决于面粉磨得有多细，加了多少酸面团和盐。其中，最便宜的面包是由粗糙的面粉制成的，颜色深，而且很酸，因为它们比质量最好的"白"黑麦面包（sitnye）含有更多的酸面团。这些深色的面包里面也没有盐。它们是重约20磅的巨无霸，但质量上乘的黑麦面包体积要小一些。后者中值得注意的是营养丰富的"波雅尔"面包（boyar loaf），由细面粉、黄油、微酸牛奶以及香料制成。皇室享用的则是体积更小的"印花"面包（basmannye loaf），由专业面包师在现场烘焙。这些美丽的面包以"巴斯玛"（basma）命名——巴斯玛是一种印有可汗画像的金属板，是蒙古占领时期的遗物。就像今天的乌兹别克烤饼（Uzbek naan）一样，这些面包的顶部也印有一个装饰图案，而这种装饰图案是用一个尖端分叉的工具盖上去的。所有的面包都配有一队特殊的检查人员，即所谓的"面包警察"（khlebnaia pristava），以确保面包符合标准，违规者将接受从巨额罚款到公开鞭刑等不同力度的处罚。

尽管黑麦与俄罗斯有着密切的联系，但它原为生长于亚洲西南部麦田里的杂草，几乎算得上是一种偶然出现的作物。当农民们发现这种瘦长的杂草比小麦生命力更强——能经受严寒、干旱和贫瘠土壤的考验——便开始积极种植这种作物。到10世纪早期，黑麦进入了基辅罗斯，又过了一个世纪，它成了当地的主要谷物，俄罗斯农民很大程度上靠黑麦产品为生。完整的黑麦粒被煮成粥，也可以磨成面粉做面包；不新鲜的黑麦面包被制成格瓦斯，一种既营养又清爽的饮料；制作格瓦斯剩下的麦芽浆则被当作发酵剂，用来生产更多黑面包，由此就完成了整个循环。

因此，俄罗斯人对黑麦面包非常崇敬，认为不仅他们的健康，连他们的财富都取决于它。俄罗斯人对黑麦面包的崇敬既有宗教原因，也有迷信因素。这种面包就像炼金术一样令人敬畏：发酵剂发酵，气泡翻腾，直到砖砌炉灶的热量——本身就是一种赋予生命的力量——将面粉和水的简单混合物转化为坚实的面包。在俄罗斯东正教中，面包是连接上帝和人类的媒介，用圣餐仪式加以象征，而面包与神的这种关系又激发出许多迷信。如果有人掉了一块面包，无论接下来他是要吃掉面包还是扔进火里，都必须在捡起面包后先亲吻一下它。谁要是在桌子上留下一块没吃的面包，就会惹上疾病。任何面包屑都不能浪费。有一种迷信认为，魔鬼会把一个人一生中扔掉的所有面包屑都收集起来，人死后，如果这些面包屑比他的身体还重，那魔鬼就会取走他的灵魂。

神奇的想法也围绕着面包的实际烘焙过程产生，以确保面包能正常地发酵膨胀。在俄罗斯，关于面包的象征意义如此强烈，以至于面包被用来预示生育和富足。新娘有时会被要求到装有发酵面团的木桶上坐一下，人们会将面包碾碎撒在新婚夫妇身上与他们即将建起小屋的土地上。人们经常把一个面包放在新生婴儿的摇篮里。如果遭遇冰雹的威胁，人们会把面包和它的生产配件——揉面槽和出炉铲——搬到外面来保护作物。

传统饮料

发酵是制作俄罗斯传统饮料的核心要素。自古以来，每到春天，俄罗斯人就会在桦树上凿出切口，享受清淡爽口的桦树汁饮料。除此之外，他们还将这种汁液发酵成含少量酒精的"贝里奥佐维茨"（beryozovitsa）。俄罗斯人最喜欢的另一种发酵饮料是蜂蜜酒，顾名思义，它是由蜂蜜制成的。最好的蜂蜜酒像葡萄酒一样经过木桶陈酿，以获得醇厚复杂的味道。僧侣们以制作水果蜂蜜酒而闻名，他们将生蜂蜜与酸味果实（包括覆盆子、越橘和樱桃）的汁液混合，然后让液体发酵，再将其转移到橡木桶中，在那里至少陈酿5年（最好是15年或20年）。然而，并不是每个人都喜欢等上几十年才熟成的蜂蜜酒。到了16世纪，人们发现在蜂蜜中加入啤酒花和酵母（presnoe），能酿造出几周就发酵好的蜂蜜酒

（称作 varyonyi myod 或 medovukha）。其他蜂蜜饮料包括"晒塔"（syta），一种水和蜂蜜的混合物，喝的时候可热可冷。一种热腾腾的芳香蜂蜜饮料"斯必腾"（sbiten'），曾经的街头小贩将它装在类似于俄式茶炊的瓮中进行兜售，直到今天仍很受欢迎。

虽然贝里奥佐维茨酒精饮料和蜂蜜酒都已经过时，但另一种古老的饮料却以啤酒和格瓦斯的形式流传下来。早期的俄罗斯人酿造出一种不含啤酒花的淡啤酒，叫作"布拉加"（braga）。还有"佩瑞瓦尔"（perevar），一种用蜂蜜和啤酒酿造的酒，被认为价值丰富，可以当成贡品。到了16世纪，伏特加已经开始慢慢取代这些本土饮料，并带来了不利影响。1703年，当彼得大帝开始建设他的新城市圣彼得堡时，他注意到工人们不够勤勉，而沙皇对曾经访问伦敦时那些喜欢喝啤酒的码头工人的勤劳表现印象深刻。于是，他为建筑师和工程师提供了进口的英国啤酒，对普通工人则供给当地酿酒厂生产的啤酒。彼得大帝死后，啤酒再次遭受冷遇，直到出生于普鲁士的皇后叶卡捷琳娜二世将其复兴。在叶卡捷琳娜与沙皇彼得三世的婚礼上，她的父亲从家乡泽布斯特送了一些著名的啤酒作为新婚贺礼。在她统治期间（1762—1796），俄国的啤酒进口量增长了10倍。除此之外，叶卡捷琳娜还推出了深色、浓郁的黑啤酒，今天仍以"俄罗斯帝国黑啤"（Russian imperial stout）闻名。然而，在底层群体中，廉价的本地啤酒从未真正流行过。

当人们有用谷物制成且富含泡沫的低度酒精饮料格瓦斯可以享受时，为什么要喝劣质啤酒呢？格瓦斯是俄罗斯的原创饮料，通常是用不新鲜的黑麦面包和蜂蜜一起发酵制成的，类似于一种不带啤酒花的淡啤酒。传统的红色格瓦斯是由麦芽糖、面粉加水在砖砌炉灶中缓慢蒸制而成的，直到混合物的颜色和味道都变得浓郁。而要制作白色格瓦斯，则需要在不加热的情况下，把同样的原料加以发酵。制作浓郁的红色格瓦斯通常会加入薄荷和圣约翰草等浓郁的芳香植物，而制作更细腻的白色格瓦斯则需要加入紫罗兰根、葡萄干和苹果干。格瓦斯也可以从水果和蔬菜中发酵得到，其中最好的格瓦斯是用覆盆子和梨制成的。甜菜格瓦斯可以作为底料，制作极为美味的罗宋汤。在乡下，格瓦斯经常出现在"班雅"（banya，一种俄式桑拿浴室）里面，此时它不仅是人们蒸完桑拿后的提神饮料，而且可以在附近没有冰水可泡时浇在身上取凉。俄罗斯人还用发芽的谷物制作一种泡沫特别丰富的格瓦斯，它有一个奇怪的名字："可硕耶什池"（kislye shchi），字面意思是"卷心菜酸汤"。由于具有更高的光泽度，人们认为它比普通的格瓦斯更精致。所以，尽管这种格瓦斯极具俄罗斯本土特色，却经常出现在贵族的餐桌上以及剧院的自助餐厅里。在散文《罗斯拉夫列夫》（Roslavlev）的片段中，亚历山大·普希金描述了在拿破仑入侵俄罗斯之后，亲法的上流社会如何在一股新的民族主义冲动之下"放弃了拉菲特酒（Lafitte），转而改喝'可硕耶什池'"。

但享有几百年历史的格瓦斯在1974年遇上了几乎旗鼓相当的对手，当时，苏联人第一次尝到了百事可乐。1972年，百事公司签署了一项双边协议，协议中允许该公司在苏联售卖瓶装浓缩饮料，作为交换，苏联可以在美国销售斯托利奇纳亚伏特加（Stolichnaya vodka）。在这场可乐战争中，可口可乐公司也不甘示弱，先是以1979年引进的亮橙色芬达汽水打入苏联市场，随后又于1985年推出了可乐。这两家美国企业巨头至今仍在俄罗斯相互竞争，但它们的饮料从未

УГОЩЕНІЕ НАПОЛЕОНУ ВЪ РОССІИ

Сего добра тебѣ пришлось
Ростищевъ Русскихъ нахлебаться;
Вотъ вместо Русскихъ почти не подавись!
Вотъ съ перцу не зачихни, попей, не обожгись!

И. Теребенёвъ

The Kingdom of Rye

黒麦王国

图3：I. I. 捷列贝诺夫（I. I. Terebenov），《拿破仑在俄罗斯受到的款待》（*A Treat for Napoleon in Russia*），创作于1813年。这幅描绘拿破仑战败时的漫画揭示了很多关于俄罗斯食物和民族主义方面的东西。拿破仑被塞进一个装卡卢加面团的木桶里。卡卢加面团是一种由黑麦面包和糖浆制成的黏稠甜点，深受俄罗斯人民喜爱。一名俄罗斯士兵强迫他吃来自维亚济马镇的姜饼，一种历史悠久的著名食品。第二个士兵让拿破仑不停地喝斯必腾，这是一种加了香料的滚烫的蜂蜜饮料，而第三个士兵则在里面加入大量的胡椒粉。这三种美味都是俄罗斯的国家名片。图片下方用押韵的四行诗写道："你厌倦了自己国家的东西／你想尝一下俄罗斯美食／所以我们给你准备了一些俄罗斯糖果！记得吃完不要吐！／再给你一些加了胡椒的斯必腾，喝完可别辣坏了！"该作品收藏于莫斯科国家历史博物馆（© State Historical Museum, Moscow）

真正取代俄罗斯无处不在的格瓦斯的地位（尽管后者的市面配方尝起来几乎和百事可乐与可口可乐一样甜腻）。俄罗斯人认为格瓦斯是他们的国酒，是他们饮料遗产中不可分割的一部分。几乎每种格瓦斯的标签上都有一句标语，表明它是按照俄罗斯传统方法酿制的。这种强烈的文化认同使格瓦斯在各个时代、各个阶层都经久不衰——尽管有来自西方的时兴饮料与之竞争。更具讽刺意味的是,可口可乐和百事可乐都在2007年推出了自己旗下的格瓦斯品牌。百事公司这边的叫"俄罗斯礼物"(Russian Gift),其标签上印着霍赫洛马(khokhloma)风格[1]的民间装饰图案,并用鲜艳的红色、金色和黑色绘制了浆果、花朵和叶子。

虽然伏特加被普遍认为是俄罗斯的代名词,它最初却是小众的。这是一种新型酒类,采取蒸馏而非如俄罗斯常见酒类那样通过发酵的方式制作。伏特加出现在俄罗斯的确切时间和地点尚不确定,但无论它是从南方经克里米亚抵达,还是来自西欧,到了15世纪,伏特加已经有了它存在的记录。伏特加最初用于医药。药剂师以4克一份的微量形式出售,与今天100克(3.5盎司)一份的豪放营销手段大相径庭。沙皇伊凡四世("恐怖的伊凡")建立了第一家国营酒馆,将伏特加从药房中解放出来,此后不久就开始了家用生产。直到19世纪晚期,伏特加还被俄罗斯

---

1. 俄罗斯传统艺术风格,通常出现在木制家居用品上,以弯曲的线条和火鸟、花草、浆果等图案装饰为特色,最早出现于17世纪下半叶伏尔加河流域的霍赫洛马村。——编注

人称为燃烧酒（goriachee vino）或谷物酒（khlebnoe vino）。在俄语中，"伏特加"这个词的起源虽然相对较晚，但它是对"水"的一种昵称，这已经足以揭示许多俄罗斯人对这种饮料的喜爱，而它也因此取代了酒精度不高的老式饮料。

伏特加的出现，几乎立即引发了一系列的社会问题。尽管俄国政府对其生产和销售进行了监管，但官员们都不愿意伐倒这棵可以通过重税来充实国库的摇钱树。醉酒状态对家庭生活、工作效率和军事准备都产生了显著的不良影响。从那时起，俄国各个政权就在对伏特加采取或宽或严的限制政策之间摇摆不定。有时，他们鼓励饮酒以增加国库收入或平息公众骚乱，甚至到了取消禁酒协会、将禁酒劝导者流放到西伯利亚的地步；在其他一些时候，他们也会限制人们喝伏特加，就像沙皇尼古拉一世在1914年8月决定做的那样。不料，他的禁令导致人们偷喝民间私酿的烈酒，结果死亡率反而上升。在20世纪80年代，苏联领导人米哈伊尔·戈尔巴乔夫发起的反伏特加运动也引发了民众的不满。

其中的部分原因在于伏特加最初是一种用来治

疗疾病的饮料，所以俄罗斯人在很长一段时间里都在向这种普通烈酒里注入一切带有治疗效果的草药和香料。在尼古拉·果戈理的小说《旧式地主》（*Old-World Landowners*, 1835）中有一段生动的文字，普尔赫利雅·伊凡诺芙娜描述了浸泡伏特加的药用价值以及它对人体感官带来的益处："这……是一种伏特加，加入了蓍草和鼠尾草，如果有人的肩胛骨或背部下面很痛，会发现它很有帮助；如果你耳鸣，或脸上长带状疱疹，也会发现它很有效用。这种伏特加是用桃核蒸馏提炼的——来一杯吧，是不是感觉棒极了？"

一些给伏特加添加配料的方法相当详细。1852年出版的《美食家年鉴》（*The Gastronomes' Almanach*）是一本迎合富裕阶层的烹饪书，指导主人为客人准备盛宴时挑选以下食材："塞维利亚白橙、塞维利亚红橙、塞维利亚苦橙、薄荷、杏仁、桃子、五香伏特加、丁香、覆盆子、樱桃、拉塔菲亚酒（ratafia）、西班牙五香粉、香脂、玫瑰、八角、艾草、金、肉桂、柠檬、香菜。"俄罗斯人对伏特加最独特的诠释可能体现为"扎佩坎卡"（zapekanka）：他们将伏特加与蜂蜜、香料混合，在烤箱中慢慢烘烤，让味道渗透进去。而真正考验男子气概的则是一种名为"油尔希"（yorsh）的饮料，以梅花鲈命名，那是一种鳃部带刺的淡水鱼。如果说英国的香蒂（shandy）是一半啤酒加一半柠檬水，那么油尔希就更像美国的"锅炉厂鸡尾酒"（boilermaker），其中含等量的啤酒和伏特加。

贸易路线

我们总以为历史上俄罗斯与世隔绝。但动摇这一观点的是，俄罗斯的贸易路线纵横交错，使来自东南西北的无数食物得以传入。从斯堪的纳维亚到君士坦丁堡的贸易路线大约在8世纪末就发展起来，远在俄罗斯成为一个统一的国家之前。早期的一条路线是从瑞典出发，经过波罗的海，一直延伸到后来的俄罗斯西北部海岸，并利用该地区庞大的河流和湖泊网络，一直延伸至黑海。这条通道被称为"从瓦良格人到希腊人的道路"（瓦良格人就是维京人），它在十字军东征建立新路线之前一直蓬勃发展。到10世纪初，基辅罗斯的王子们与拜占庭帝国首都君士坦丁堡签订了一项协议，为贸易发展开辟出更多的可能性。为了换取蜂蜜和毛皮，俄罗斯人进口了大米（但直到19世纪中叶，他们还将其称为"撒拉逊小米"[saratsinskoe psheno]）、香料和葡萄酒。1237年，蒙古人开始入侵俄罗斯的各个公国。他们修复了来自中国的古代贸易路线。沿着这条路线，面条、发酵的卷心菜和经过细菌发酵的奶制品，如乳酒（koumiss）——突厥游牧民族喝的马奶（托尔斯泰在晚年也喝过）——一路运了进来。俄语中一些最基本的食物名词，如杂货（bakaleia）、鱼干（balyk）、西瓜（arbuz）、杏干（kuraga）和大黄（reven'），都显示出它们与突厥语之间的渊源，尽管其中一些舶来词是后来才出现的。

在伊凡四世统治时期（1547—1584），俄罗斯的贸易向东扩展到伏尔加河及更远的地区。此时，不但香料的贸易增加了，连干制大黄根的贸易也随之上升。事实上，大黄根因其药用价值而成为一种利润丰厚的出口商品。大黄的英文名字"Rhubarb"暴露了它的词源"Rha barbarum"——其中"Rha"是伏尔加河的旧名，而后半部分则表明了古人对处于"文明"世界之外野蛮行为的认可态度。伏尔加河地区也带来了阿斯特拉罕（Astrakhan）的甜西瓜，并让人们有更多机会接触到里海的优质鲟鱼和鱼子酱。干果也从东方传入俄罗斯。从那时起，俄罗斯人就可以熟练地使用它们了。在富裕的家庭中，从东方传来的用糖浆保存胡萝卜和白萝卜等块根类蔬菜的方法，也成了俄罗斯烹饪技巧的一部分。

伊凡四世在统治末期吞并了西伯利亚，这一举动使俄罗斯获得了横跨欧亚两大洲的广阔土地。两大洲的合并给俄罗斯带来了各种类型的煮饺，如填有羊肉末的"蒸包"（manty）和深受喜爱的西伯利亚"佩门尼"（pel'meni，填有肉末和洋葱的云吞状面点）。尽管人们对佩门尼的起源存有争议，但它很可能是从中国传到乌拉尔山脉以东的地区，再从那里传到俄罗斯的。佩门尼的字面意思是"面耳朵"，来自居住在该地区的科米-佩尔米亚克（Komi-Permyak）人的语言。在冬季来临之际，人们准备了大量的佩门尼，并在户外冷冻起来，这样一有需要就可以做成快餐。来自远东的茶叶也经由西伯利亚抵达俄罗斯，这是蒙古可汗送给沙皇米哈伊尔·费奥多罗维奇的礼物。这位沙皇是罗曼诺夫王朝的第一位当权者，于1613至

1645 年在位。这一礼物在俄罗斯催生出世界上最伟大的一种饮茶文化，让萨莫瓦罐（samovar，一种用来加热水的黄铜瓮）成为俄罗斯人热情好客的象征。

香料通过丝绸之路的北部分支，即俄罗斯南部的黑海，以及后来俄罗斯北部的港口城市阿尔汉格尔斯克进入俄罗斯。1555 年，英国进出口公司——莫斯科公司（Muscovy Company）获得特许，塞巴斯蒂安·卡伯特（Sebastian Cabot，其父亲是曾开拓过北美的约翰·卡伯特 [John Cabot]）被任命为第一任总督。阿尔汉格尔斯克位于北德维纳河流入白海的地方，在 1584 年建立后不久，就成为一个充满活力的商业城镇。外国船只挤满了港口，带来了糖、葡萄酒、朗姆酒、水果、咖啡豆和香料等奢侈食品。这些货物沿着北德维纳河逆流而上，然后从陆路运到莫斯科，但这段近 800 英里[1]的旅程可能需要花上几个星期的时间。一个多世纪以来，阿尔汉格尔斯克一直是俄罗斯唯一的海港，然而它有半年时间被冰雪覆盖。墨西哥湾流将巴伦支海的挪威水域变暖，使得那里全年

---

1. 1 英里约等于 1.6 千米。——编注

都可以捕鱼。俄罗斯人就用西伯利亚的谷物换取鳕鱼、黑线鳕、鲑鱼和比目鱼，由此取得了贸易的蓬勃发展。1703年，彼得大帝在温度较高的波罗的海沿岸建立圣彼得堡。在此之后，阿尔汉格尔斯克才逐渐衰落。

虽然构成丝绸之路的路线因纺织品、香料、茶叶和商队的传奇色彩而为人所熟知，但北方利润丰厚的贸易也同样重要。其中包括挪威人与住在俄罗斯西北海岸的当地居民波默尔人（Pomors）之间的商业往来。一直到1917年俄罗斯发生革命之前，这种商业往来都很繁荣。除了从事当地的沿海贸易，在圣彼得堡建立前的一个世纪，波默尔人已经开始开辟一条从阿尔汉格尔斯克到偏远的西伯利亚城市曼加泽亚（Mangazeya）的河道。就像一个美国西部时代（Wild West，通常认为是从17世纪初到1912年为止）的毛皮和谷物贸易中心一样，曼加泽亚在当时被称为"黄金遍地"（zlatokipiashchii）。波默尔人希望将这座城市与利润丰厚的西欧贸易联系起来，但沙皇米哈伊尔·费奥多罗维奇从他们的创业活动中感受到威胁，禁止了他们的活动，规定违反者将被处以死刑。就这样，到了 1662 年，曼加泽亚已经被完全遗弃。后来，这座城市的所有痕迹都消失殆尽，只存在于传说之中，直到 20 世纪的考古发掘才使其重见天日。

彼得大帝的统治大大拓展了俄罗斯人——或者至少是那些有钱购买昂贵进口食物的俄罗斯人——的口味。他开发了古老的阿斯特拉罕公路，这是丝绸之路的北部路线之一，从位于里海入口的阿斯特拉罕市出发，沿着伏尔加河的高岸，通过这条大河的支流，一直延伸到莫斯科，长达 1800 英里。（他的女儿伊丽莎白女皇把这条公路变成了皇家的"水果快递专用道"，用特别装备的马车把新鲜的农产品从阿斯特拉罕一路运到圣彼得堡宫廷。在暴风雪期间，沿途的村庄为引导行者，会敲响教堂的钟来"为风暴导航"——一种听觉层面的内陆灯塔。）

1712 年，彼得大帝将首都从莫斯科迁到圣彼得堡。1713 年，也就是圣彼得堡建城十年之后，商业中心哥斯蒂耶沃尔（Gostinyi dvor）开始建设，其设计中包括了一条运河，以便船只可以现场卸货。圣彼得堡获得的供给不仅取决于该城的地理位置，还取决于它的人口结构。彼得大帝给外国人提供了丰厚的福利，吸引他们来到这座城市，帮助发展新首都的工业、艺术和社会机构。圣彼得堡吸引的大量外国人口，也使这座城市的饮食习惯逐渐西化，以前不为人知的食物，如华夫饼和洋蓟，受到了俄罗斯人的热烈欢迎。与此同时，彼得大帝派到国外深造的俄罗斯人也带着新的口味和技能回来了。于是，为了使饮食更加多样化，俄罗斯开始进口新奇食物。

随着俄罗斯帝国在19世纪的不断扩张，中亚和高加索的部分地区都处于其控制之下。尽管这些地区为俄罗斯的主要城市提供了在温暖气候中才能获得的食物，但其独特的菜肴却迟迟没有融入俄罗斯的烹饪词典。只有到了苏联时期，它们才有机会走进俄罗斯人的食谱当中。苏联政府对于"各族人民的兄弟情谊"的宣传促进了烹饪民族主义。通过这种宣传，新的菜肴和烹饪技术被引入到俄罗斯的美食菜单当中，特别是来自格鲁吉亚和乌兹别克斯坦的。只要有鸡肉，格鲁吉亚蒜味煎鸡（tabaka）就能成为餐馆的招牌大餐。同样受欢迎的还有格鲁吉亚人的奶酪面包（khachapuri）、乌兹别克人的香料饭（plov）、阿塞拜疆人的碎羊肉串（lyulya-kebab）。其中，尤其是"切布瑞克"（chebureki），一种油炸的克里米亚肉饼，成为大受欢迎的快餐。一种被称为"瓦雷尼基"（vareniki）的乌克兰水饺受到俄罗斯人的热烈欢迎，特别是当里面装满酸樱桃或萨罗的时候，后者是乌克兰的一种民族小吃，通过把猪的背部肥肉腌制后再加入香料制成的。维利亚姆·博克约伯金（Vil'yam Pokhlyobkin）在他1978年出版的一本著名烹饪书《我们民族的美食》（*The National Cuisines of Our Peoples*）中宣称，所有这些菜肴，以及更多未提及的菜肴，都是苏联遗产的一部分。然而，仔细阅读著作中的文字，你会发现他对非斯拉夫民族的烹饪方式抱着一种殖民主义心理与傲慢的态度，即使他们的食物受到俄罗斯人民的热烈欢迎。如此一来，许多在苏联时代引入到俄罗斯的新菜肴成了几乎所有人都能享用的街头廉价小吃。

烹饪实践

俄罗斯人并不擅长制作快餐。在很大程度上，俄罗斯传统菜肴的特点是由砖砌炉灶的设计所决定的，而这种砖砌炉灶在17世纪就开始使用。这些既能做饭又能取暖的炉灶体积巨大，可达200立方英尺，占据了一间农舍生活空间的四分之一。它们是用砖块或碎石建成的，上面覆盖着一层厚厚的白色黏土。（在取暖方面，富裕家庭也有铺着漂亮瓷砖的所谓"荷兰炉灶"——即使是实用的物品也提供了展示他们富裕生活和审美趣味的机会。）不幸的是，太多的农舍被归入"黑色"范畴，这意味着他们的炉灶没有烟囱，于是烟雾在空气中大量存留，对人造成有害影响。而富裕一些的农民则住在"白色"农舍里，产生的烟雾可以通过烟囱排出。

不像其他国家由于燃料短缺，只能采用烹饪速食的方法，俄罗斯拥有广阔的森林，因此有充足的木柴。炉子的厚壁能很好地保存热量，而俄罗斯许多最有代表性的菜肴都源于拥有这一特性的炉子。刚烧过的炉子非常热，此时炉膛后面的余烬还在发光，厨师们就把面包、馅饼甚至布林尼煎饼放进炉子里烘烤。但是，把冷灶加热需要两到三个小时。有经验的厨师会插入一张纸，根据纸变黄以及燃烧的速度来确定炉子何时可以烘烤。面包在俄罗斯人的生活中是如

The Kingdom of Rye

黑麦王国

图4：A. A. 别里科夫（A. A. Belikov）1925年拍摄，富裕的农民I. I.巴甫洛夫家里带灶台的俄罗斯砖砌炉灶。内置的灶台配有火箱，标示着主人的富足，在经过粉刷的表面铺贴的装饰瓷砖也起到同样的作用，但这两个特征都不是最传统的俄罗斯炉灶所具有的典型特征。烟囱后面是"炕"（sleeping platform），用来存放罐子。该作品被圣彼得堡彼得大帝人类学与民族学博物馆收藏

此重要，以至于炉子的温度都经常用烘烤面包的不同阶段进行描述："烤面包前、烤面包后，以及完全爆裂时。"（自由精神［vol'nyi dukh］的体现。）随着温度开始下降，其他菜肴也纷纷登台：先是烤成奶油状的谷物粥，接着是汤、炖菜和蔬菜，它们在球状的陶罐或铸铁锅中被慢慢熬制。炉子温度下降至微热程度时，正好适合细菌发酵乳制品、烤干蘑菇和浆果。在冬天，炉灶每天要烧一两次，但在夏天，俄罗斯人只会在需要烘烤的时候生火。

在俄罗斯老式炉灶周围是一圈砖石结构，其

后方离地面很高处有一个壁架。这个"勒展卡"（lezhanka，来自俄语动词"躺下"）是农家小屋中最温暖的地方。年老体弱者觉得那里很舒适，而孩子们则可以像深受喜爱的民间人物傻瓜埃梅里亚一样在那里偷懒玩耍。大多数炉灶还提供储存食物、厨房设备和木材的地方，以及晾晒手套和草药的地方。炉腔本身非常宽敞，体积大到足以作烹饪以外的其他用途。当木板沿着炉子滚烫的内壁摆放时，炉灶就可以成为一个临时的班雅桑拿房，这种清洁仪式一直持续到20世纪，通常在烤面包的日子进行。此时炉子已经加热，蒸汽释放出的药草香气，被认为对人体特别有益。一些俄罗斯人用稀释的格瓦斯代替热水来产生蒸汽，从而进行所谓的"面包浴"，据说这种沐浴具有治疗功效。在俄罗斯的一些地区，妇女爬进炉子里生孩子，因为这是农舍里最卫生的地方。除了这些实际用途，炉灶在俄罗斯生活中扮演着高度象征化的角色，划分了传统的女性和男性领域。灶台左侧是烹饪区，右侧则是以圣像为主的"美丽角落"。考虑到炉子在提供食物、热量和健康方面的重要性，人们认为它具有超越炼金术的魔力，能将面团变成面包，这一点也不奇怪。母亲们有时会把生病的婴儿放在面包铲上，并且作为一种仪式，还把他们放入炉子里面三次，希望这样就能治愈他们。

无论是在俄罗斯富人还是穷人家中，砖砌炉灶都很盛行，直到18世纪西式炉灶及其所需的新设备开始逐步投入使用。许多俄罗斯炉灶经过改良，除烤箱以外，还将台面燃器纳入其中。在一些家庭当中，灶台甚至已经完全取代了炉子。平底锅和烤盘在很大程度上取代了传统的陶器和铸铁锅，虽然这些传统灶具非常适合在俄罗斯的炉子内慢煮。灶台也影响了食材的制作方式。在有钱可以加工肉类的厨房里，用于烤或焖的大骨关节让位于牛排、鱼片和猪排之类的刀切肉块，这些肉块一分钟就可以搞定，通常用来准备更精细的（如果不是俄罗斯本土化的）食物。

俄罗斯传统炉灶通过缓慢烹饪释放出深沉、醇厚的味道。它产生的热量虽然低，但有利于食物进行细菌发酵和脱水，因此会产生浓郁的味道，这也是俄罗斯菜肴的特点。

蒸和慢煮

基于砖砌炉灶的特性，俄罗斯最独特的烹饪方法是一种被称为"托姆雷涅"（tomlenie）的工艺，介于蒸和炖之间。因为蒸能保存营养成分，煮则不行，而慢火炖又会把味道带走。厨师把原料在罐子里分层放置，并尽量少加液体。但使用的罐子类型很重要。"戈尔绍克"（gorshok）是黏土做的，而"厨缸"（chugun）则是铁铸的，但两者都呈球状。罐子盖得严严实实，让香气和维生素不会流失，因为慢煮能保持风味的完整性，这是用更快的炉灶烹饪无法达到的效果。传统上，俄罗斯人食用的粥、汤、炖肉和蔬菜，都是在这些容器中熬制的。

各种形式的慢煮产生了俄罗斯菜谱中最有趣的一些食物。"昆迪乌米"（kundiumy）是一种起源于中世纪的饺子，里面塞满了干蘑菇、荞麦和绿色蔬菜，经烘烤而非水煮做成。它们变脆之后，会被放进蘑菇汤，在炉子里边蒸，直到变软，有点嚼劲。鱼饼则是先用平底锅煎熟，然后蒸至水润鲜嫩。至于俄罗斯卷心菜汤，其中最经典的形式叫作"苏托奇尼什池"

（sutochnye shchi，意为"24小时什池"[1]），将牛骨放在水中慢炖，熬成浓郁的肉汤。酸菜则先放在炉子里边炖，直到焦糖化，然后加入到肉汤中。汤经过这样两次慢煮，会变得非常美味。

烘焙、烘烤、沸煮和炖煮

砖砌炉灶的内部可以达到很高的温度，正好适合烤面包和馅饼。人们把滚烫的余烬刮到火炉后面，然后把面包和馅饼直接放在炉膛上。炉膛烘焙会让面包皮发出迷人的光泽。对于有钱人来说，也可以将肉切成大块，然后高温烘烤，尽管烘烤不像蒸煮那样古老。研究人员在试图解析老式食谱时，经常为一个万能的俄语单词"zharit'"所困扰，因为它的意义非常丰富，在英语中相当于"烘烤""煎炸""轻煎""烧烤"和"焦烤"。但这些烹饪方式都不是俄罗斯美食最传统的做法，因为它们没有充分利用砖砌炉灶的独特优势，而且除了烘烤，这些做法都要求厨师的积极

---

1. 一种俄罗斯特有的烹饪方式，将做好的汤保存24小时后再食用，以增加其酸味和浓度。——编注

40.

图5：威廉·卡里克（William Carrick），萨莫瓦罐旁的俄罗斯农民，摄于1860至1869年间。威廉·卡里克是一位苏格兰摄影师，他在圣彼得堡有一个工作室，在那里他创作了一本《俄罗斯人影集》（*Album of Russian Types*），记录了农民、街头小贩、商人这样的普通人。他将照片以新出现的名片规格进行印制，在收藏家中很受欢迎。这张摆拍照片展示了两位穿着典型民族服装的农民正在用茶盏喝茶。萨莫瓦罐顶部的茶壶里盛着"扎瓦尔卡"（zavarka），一种浓茶。该作品收藏于圣彼得堡彼得大帝人类学与民族学博物馆

参与。尽管如此，它们还是逐渐渗入了俄罗斯的烹饪实践。

然而，沸煮长期以来一直被用来制作饺子和果酱。在俄语中，"varen'e"（沸煮）来自"-var"（沸腾）这个词根，后者也是"vzvar"（沃茨瓦）的词根，在过去，沃茨瓦指的是通过沸煮制成的各种食物和饮料。在沃茨瓦最简单的形式中，它是斯拉夫语"酱汁"的意思，在18世纪，它被法语同源词"sous"取代。沃茨瓦还指我们所说的肉类的配料，通常是将卷

心菜和洋葱这样味道独特的蔬菜放在醋和蜂蜜中慢慢沸煮而成，以获得一种又酸又甜的味道；或者用酸味浆果来制作，如蔓越莓或越橘。最后需要提醒读者的是，沃茨瓦曾经是一个古老的词语，指的是一种很常见的饮料，将香料、干果加进啤酒后沸煮制成。

在俄语中，最能让人联想到"var"这个词根的是"samovar"（萨莫瓦罐），这是一种泡茶的瓮，其字面意思是"自煮锅"。对俄罗斯人来说，泡茶是一件严肃的事情，即使现在很少有人会不怕麻烦，用木炭或松果在老式的萨莫瓦罐里烧水，但萨莫瓦罐发出的嘶嘶声——在文学和卡通中仍然是一种无处不在的修辞——表明了人们对热情款待的愉悦期待。俄罗斯人通过声音来判断萨莫瓦罐烧水的状态。水在黄铜瓮内加热时会产生回响，声音随着温度的升高而变化，从最初模糊不清的一种曲调，变成海浪拍岸的声响，再到表明水已经烧开的沸腾声。

在俄罗斯高级烹饪方法中，用少量液体炖煮食物更为常见。炖煮法适合于制作精致的食物，如某些鱼类需要在低温下慢慢烹煮，以保留它们的风味和口感。

煎 炸

用平底锅煎炸出的食物在俄语中有一个专门的名字"普里亚真耶"（priazhenye），以区别于那种不加油脂（pudovye）直接放在炉子中烘焙的食物。平底锅煎炸适用于小面包、某些煎饼和各种手抓馅饼，这种做法通常很美味，一般是放入大量滚烫的油进行煎炸，但不会炸得很老，或者就直接放在油中浸泡（这种方式在俄语中通常称为"zharit'"）。与在炉子中烘焙的馅饼不同，平底锅煎炸馅饼的面团里通常不含酵母。包含蔬菜与肉的炸饼也要用平底锅制作。煎炸用油可以选取黄油、植物油或者将二者混合；在斋戒期间，动物脂肪被禁止使用，但像大麻籽油或亚麻籽油这样的植物油还是不可或缺的。葵花籽油在18世纪被引入俄罗斯之后，就成了俄罗斯人的首选植物油，不过俄罗斯厨师现在已经可以使用橄榄油了。

发 酵

恶劣的气候和短暂的生长季节使得为漫长的冬季保存夏季的丰收果实变得至关重要，而通过发酵保存则是俄罗斯菜肴的特点之一。俄罗斯最古老的饮料是由蜂蜜发酵而成的蜂蜜酒，以及用黑面包发酵而成的格瓦斯。在俄罗斯，世俗的"三位一体"必须是伏特加、泡菜和黑麦面包，但三者的美味都依赖于发酵。俄罗斯伏特加是用黑麦、大麦和硬质冬小麦等谷物的发酵醪蒸馏而成的。俄罗斯泡菜与醋无关，它们是乳酸发酵的结果，即把黄瓜同大蒜与香草放在盐水中分层浸泡（经过同样处理的蘑菇则是另一种备受喜爱的俄罗斯菜肴）后的产物。富含益生菌的泡菜卤水被用于制作俄罗斯一些最经典的菜汤，而味道浓烈的哥萨克芥末则是由棕色芥末籽与卤水（而非醋）混合制成的。经典的俄罗斯黑麦面包以酸面团为发酵剂，赋予其一种奇妙的酸味。即使是优质的小麦面包有时也要进行非常缓慢的厌氧发酵，方法是用毛巾把面团松散地包裹起来，然后把它浸在装满冷水的木桶里，直到面团膨胀至碗那么高的程度，则表明它已经足够松软，可以揉捏成型了。

与发酵（kvashenie）相关的是腌制（mochenie）。蔬菜一般在盐水中进行乳酸发酵（如黄瓜制成的莳萝泡菜、卷心菜制成的酸菜、甜菜制成的甜菜格瓦斯），而俄罗斯人将更易坏的水果浸泡在含盐量仅为3.5%

左右的淡盐水中保存。适于腌制的水果有苹果（尤其是酸酸的安托诺夫卡品种）、西红柿、西瓜和浆果。经过这种处理的水果不会变咸，味道和葡萄酒差不多，而且水果在盐水中浸泡的时间越长，产生的泡沫就越丰富。俄罗斯民族诗人亚历山大·普希金曾在一月[1]临终病榻前，索要过腌制的云莓。

俄罗斯人喜爱的茶也是发酵产物。虽然俄罗斯人很少生产茶叶，但他们肯定会喝茶。俄罗斯农民喜欢收集柳兰的叶子（俗称"伊凡茶"[Ivan-chai]），使其氧化成绿茶或发酵成红茶。草叶含有丰富的维生素C和抗炎类黄酮，是治疗各种疾病的常用药物。过去，黑心商人以这种茶冒充正宗的中国茶，因为后者的价格要贵得多。

细菌发酵

另一种形式的发酵是细菌发酵，它使用细菌发酵剂来产生所需的风味和质地。在俄罗斯，"康普茶"（kombucha）就是这方面的一个例子（尽管它的发酵

---

1. 此处为俄历。——编注

剂中也含有酵母）。俄罗斯人喝这种饮料已经有几百年的历史了。在苏联时代，由于无法获得西方的碳酸软饮料，许多家庭会在窗台上放一罐三升的经过发酵的康普茶，作为一种健康的国产替代品。但在俄罗斯，真正的细菌发酵工艺在乳制品中表现得最为明显，它们的味道从微妙到浓烈都有，极为丰富，变化多端。特乌若格是一种农家奶酪，制作方法是将酸牛奶缓慢加热，直到有凝乳形成。"普若斯托科瓦斯哈"意为"只是变酸了"，吃起来像酸奶一样。在制作过程中，人们允许生牛奶自然酸化和增稠，并在牛奶中加入一点黑麦酸面团，以加速发酵过程。"瓦雷涅茨"（varenets）是由牛奶慢慢烘焙而成的，直到其中的糖分焦化，产生无与伦比的丰富口感。"瑞亚任卡"（riazhenka）的做法与它几乎一模一样，只是多了一些奶油而已。当然，俄罗斯厨房中如果没有斯美塔那，也就是酸奶油，简直无法想象。

酸奶油是制作所谓的俄罗斯黄油（即"苏兹达尔"［russkoe］或"酥油"［toplyonoe maslo］）的基础，这是一种可长期储存的澄清黄油。如果制作得当，它可以保存很多年。加热黄油的技术可能是从奥斯曼帝国学来的：在那里，澄清的黄油被用于烹饪。但俄罗斯人对这一过程进行了调整。他们用大量的水融化黄油，从顶部撇去泡沫，接着让它沉淀，然后滤出剩余的固体。在黄油变硬之后，他们将其刺穿，让剩余的水分流出。然后，黄油才被装进木桶，存放在阴凉的地窖里。

尽管俄罗斯黄油可以长期储存，但如果储存不当，它也可能变质。由于黄油太过昂贵，人们舍不得将其丢弃，因此它会被重新加热，有时加热两到三次，但每次都会对黄油造成损害。于是人们找到一种更好的黄油，"楚洪斯科"（chukhonskoe），俄罗斯口语中"芬兰"的意思。这种黄油一般要经过细菌发酵，通常也是由酸奶油制成的（尽管优质的甜奶油黄油有时也会借这个名义出售）。它从未被加热过，只是通过轻度发酵来加以保存。烹饪书经常在厨艺秘诀中指定使用"芬兰黄油"。

另一种通过细菌发酵制作的食品是"开菲尔"（kefir），一种轻微起泡的牛奶饮料。俄罗斯本土细菌发酵而成的乳制品是用乳酸菌自然发酵的，而开菲尔却是由同时包含细菌和酵母的"谷物"制成的。

诺贝尔奖得主、科学家伊利亚·梅契尼科夫（Ilya Metchnikoff）在20世纪初的开创性研究中，向人们普及了开菲尔对长寿的好处，并证明我们现在称为"肠道益生菌"的东西对人类健康所作的贡献。开菲尔最初是出于医学目的而引入的，然而到20世纪30年代，它已成为俄罗斯乳制品的一种规格，至今仍很流行。

腌制和盐渍

在斯特罗加诺夫家族（Stroganov family，后来推出了著名的斯特罗加诺夫牛肉）于16世纪初开始从西伯利亚北部的丰富储藏中提取食盐之前，食盐一直是一种珍贵商品，只能少量使用。与气候更为温和的国家不同，俄罗斯没有什么可以日照晒盐的海岸线。俄罗斯本土采盐依靠的是一种巧妙但艰巨的寒冷气候制盐法，这种方法已在北极的白海沿岸得到完善。到12世纪，早在铸铁锅开始使用之前，土著萨米人就已经找到了从海水和沿海的咸水沼泽中获取食盐的方法。他们把冬天结成坚硬霜冻的盐水倒在常绿树枝上。当水在寒冷干燥的空气中蒸发时，就会留下带有松树味道的盐晶。这种盐非常昂贵，被用来腌制最好的鱼肉。萨米人还设计了一种使盐水缓慢结冰的方法，以确保上层几乎是纯水形成的冰，而盐分则集中在下层的液体中。在这一过程中，萨米人通过不断移除凝结的冰层，得到含盐量很高的盐水，当这些盐水被移入温暖的帐篷中，便会产生盐结晶。然而，这种操作不好把握，因为如果水冰冻得太快，盐化合物就会被困在冰层当中，而不是沉淀到未冻结的盐水里面。

白海盐厂与索洛韦茨基修道院密切相关，该修道院于1436年建立在白海中部的索洛韦茨基群岛上。尽管位置偏远，但这些盐场利润丰厚，从而让索洛韦茨基修道院成为俄罗斯第二富有的宗教社区。除了卖盐，修道士们还用盐来保存夏末和秋天捕捞的肥美鲱鱼。这种鲱鱼在盐水中被分层摆放，通常用香菜调味，味道精美到一桶又一桶的鲱鱼被直接送到了沙皇的餐桌上。修道士还把盐卖给当地的波默尔人，后者后来成了成熟的商人。波默尔人运盐是沿着所谓的"盐路"，即一条从北方通往俄罗斯中部和其他地区的公路。"波默卡盐"（Pomorka salt，也被称为"莫里安卡"［Morianka］）被誉为"白色黄金"，它太珍贵了，政府甚至不鼓励人们将其出口。

听一听关于盐的民间故事，你就会知道它曾经多么珍稀。由人见人爱的人物"傻瓜伊万"（Ivan the Fool）驾驶的一艘船，被吹到了一个偏远的小岛上。在那里，伊万发现了一座由"纯俄罗斯盐"组成的巨大山峰。他把盐装到自己的船上，航行到一个遥远的地方，希望在那里做生意。但是当地人从未见过盐，也没有听说过盐。所以，当伊万请求国王允许他在那里卖盐时，国王甚至视其为"白沙"而不屑一顾。不过伊万毫不气馁，他请求大家稍作休息。然后他走进厨房，并趁御用厨师不注意的时候，偷偷往食物里加了些盐。晚餐时，国王宣称这是他吃过的最美味的食物。他把厨师们叫来，想知道他们是怎么烹饪出这样的美味佳肴的。但厨师们都声称自己没有任何秘诀，并建议国王把那个男孩叫来盘问。于是伊万出现在国王面前。由于害怕受到惩罚，他大声喊道："我有罪，陛下！我在所有的饭菜里都加了俄罗斯盐，就像在自己国家做的那样。"国王听了非常高兴，他用与盐等量的黄金和白银来奖励伊万。

在吞并西伯利亚之后，伊凡四世鼓励人们开采食盐，从而极大地降低了开采成本，并使斯特罗加诺夫家族获得了巨大财富。19世纪后期，采盐行业扩展到南部富含盐矿的阿斯特拉罕地区。

靠近里海河口的阿斯特拉罕拥有另一种财富来源：上好的鲟鱼，它的鱼子被腌制成鱼子酱。鱼子酱几乎和伏特加一样是俄罗斯的代名词，两者构成了理想的组合。俄罗斯人很可能是从黑海沿岸的希腊商人那里学会了用盐加工鱼卵，但直到蒙古人占领阿斯特拉罕之后，鱼子酱产业才在这里发展起来。阿斯特拉罕地区丰富的盐矿顺理成章地推动了当地鱼子酱产业的蓬勃发展。里海是好几种鲟鱼的家园，俄罗斯人一直认为鲟鱼是鱼中之王。欧洲鳇（beluga sturgeon）体形大得吓人，重达2000多磅（尽管这样的鱼类标本——甚至欧洲鳇本身——在今天都很罕见）。由于雌性鲟鱼携带的卵占其体重的15%，因此一条鲟鱼可能产300磅或更多的鱼卵。早在18世纪，当鲟鱼游到伏尔加河产卵时，人们就捕捉到了数量惊人的鲟鱼——根据某些记载，每小时最多可以捕到250条巨型欧洲鳇。

鱼卵很脆弱，且极易腐烂。用盐腌制不仅有助于

图6：列夫·博罗杜林（Lev Borodulin），《一切为了人民！》（*Anything for the People!*），摄于1960年代。这种承诺富足和美化食品工业的图像，掩盖了苏联时期食品短缺的现实。考虑到这些鱼子酱罐头原本是用来出口的，照片的标题因此带有更多的讽刺意味。该作品收藏于莫斯科多媒体艺术博物馆

保存鱼卵，还可以通过降低冷冻温度来保护鱼卵不被冻坏。人们用手取出卵囊，在与盐水混合之前，将鱼卵轻轻推过筛子，使其与卵膜分开。俄罗斯最好的新鲜鱼子酱，所含盐分通常低于3%，被称为"马洛索"（malossol）。

德国文士亚当·奥利留斯（Adam Olearius）在前往俄罗斯的外交航行中指出，鱼子酱曾经的吃法与现在大不相同。从《十七世纪奥利留斯的俄罗斯游记》（*The Travels of Olearius in Seventeenth-Century Russia*）中我们了解到，"他们把鱼子从装鱼卵的膜中取出来，用盐腌制，并在放置6到8天后，与胡椒和切碎的洋葱混合。有些人在上桌前还会在鱼子中加醋和黄油。

这道菜还不错。用柠檬汁代替醋倒一点在上面，会令你胃口大开，并且有助于恢复健康"。

从1633年开始，奥利留斯参加了两次前往波斯的航行，都是在荷尔斯泰因–戈托普公爵，即腓特烈三世的赞助下进行的。腓特烈希望就开创一条陆上丝绸贸易路线进行谈判，为此他需要得到穿越莫斯科的许可。尽管奥利留斯对鱼子酱的赞美听起来有些言不由衷，但事实上，他比其他早期到俄罗斯的西方游客更能接受当地的饮食方式——他的蔑视集中在俄罗斯人的酗酒、放荡和女性过度化妆上。

中世纪的俄罗斯人经常趁热吃鱼子酱。在做一道叫作"卡利亚"（kal'ia）的莫斯科菜肴时，人们将压紧的鱼子酱切成薄片，与剁碎的洋葱、黑胡椒、泡菜、泡菜卤水和水一起放进陶锅，然后在砖砌炉灶的烤箱中蒸熟。有时他们会像我们处理鲱鱼子一样处理卵囊，在上面撒满盐和胡椒，倒上面粉，然后用平底锅煎，并通常佐以一种由洋葱、蔓越莓或藏红花制成的酱汁。如今在俄罗斯仍然很受欢迎的是鱼子酱速食煎饼（ikrianki）：将鱼卵搅入面糊，或通过捶打使其融入面糊，以获得更强的口感。鱼子酱是如此丰富，以至于在《给年轻主妇的礼物》一书中，一直注重实用的埃琳娜·莫洛霍韦茨建议用富含蛋白质的压榨鱼子酱来代替鸡蛋的蛋白，从而让肉汤变得清亮。为了满足更多元的口味，鱼子酱被装在椴木桶里从里海运到莫斯科和圣彼得堡。对于沙皇和其他奢侈的消费者来说，活鲟鱼先是用大车或雪橇运输，后来改用装有鱼缸的专用铁路车厢进行运输，这样就可以在现场获取鲟鱼卵，以获得最佳的新鲜度。到19世纪中期，最好的鲟鱼鱼子酱已变得非常罕见，以至于它通常不需要做任何加工，就可以直接端出去，出现在高级晚宴的烤面包上。

由于污染和偷猎，今天所有品种的里海鲟鱼都濒临灭绝，壮观的欧洲鳇也难觅踪影。俄罗斯不再是世界领先的鱼子酱生产国：这个荣誉被中国抢去了。中国曾在与俄罗斯接壤的黑龙江上捕捞达氏鳇[1]。俄罗斯人继续享受用鲑鱼、江鳕、梭子鱼、鲤鱼、茴鱼以及北极红点鲑鱼鱼卵制成的腌制鱼子，尽管如此，鲟鱼卵——尤其是新鲜加工和未经高温消毒的鲟鱼

---

1. 现为国家重点保护野生动物。——编注

卵——仍然是俄罗斯美食中的一道黄金标准。

冷　冻

毫不奇怪，俄罗斯人长期以来一直将低温作为一种保存食物的条件，即利用他们所处的恶劣环境来获得相对优势。早在欧洲普遍使用冰室之前，俄罗斯的富人就已经拥有冰室，而修道院则将其著名的蜂蜜酒保存在冰窖（带有冰坑的冷窖）里面。俄罗斯北部的特色美食之一叫作"斯特罗加尼纳"（stroganina），是一种切成薄片的冻鱼肉，有时也用鹿肉。鱼是在冬天最肥的时候捕捞到的，一般挂在外面冷冻。上菜时，侍者会将鱼竖着拿起，同时用锋利的刀将鱼肉切得薄如纸片。这样的鱼片通常会蘸上调味盐，入口即化。

圣彼得堡是著名的冬季肉类市场的大本营。厚厚的雪堆上直立着整具或半具牛、猪和羊的屠体，它们的腿高高地伸在空中，仿佛在跳某种奇怪的芭蕾舞时被突然冻住了。由于气温寒冷，这些动物在屠宰后可以立即向顾客们展示。它们形状僵硬，在白雪的映衬下显得黝黑无比。此时衣着光鲜的小贩驾着雪橇，出售切成小块的动物肉。顾客挑选的范围很广，从牛肉、猪肉、绵羊肉到海象肉和熊肉，各式各样的脂肪应有尽有，而它们的颜色，从白色到奶油色和黄色，可谓五颜六色、深浅不一。但顾客必须提防那些无良商贩，他们通过打气，让动物的屠体膨胀，从而间接抬高了价格。

在近代俄国，由于公寓里没有多少室内储物空间，居民们会利用低温把西伯利亚饺子佩门尼和伏特加储存起来，以备不时之需。到了冬天，人们会把已经包好但尚未蒸煮的饺子挂在室外的窗台或阳台上，这样一有需要，就可以随时拿进室内，倒进一锅沸水里。伏特加由于酒精度高，不会结冰，所以它也被放在寒冷的窗台上，以保持完美的饮用温度。

脱　水

蘑菇、浆果、鱼类和蔬菜都可脱水，这样既便于保存，也可以增加风味。例如，新鲜的蘑菇汤很清淡，但将蘑菇脱水并在水中浸泡复原之后，煮出来的汤味道会更浓郁，与大麦等丰盛的谷物搭配时效果极佳。同样，用脱水过后的水果来制作馅饼或与肉一起烤，可以增添风味。通过脱水技术，人们一年四季都可以享用水果果盘。脱水之后，体形较小的淡水鱼，如白尊鱼、石斑鱼和胡瓜鱼，成为喝啤酒时完美的咸味小吃。在过去，就连酸菜也经常脱水，这样既可以用来制作不同版本的俄罗斯经典卷心菜汤（什池），也可以作为旅行者和海军的干粮，因为它有助于预防长途海上航行所导致的坏血病。

饮食规定

从历史上看，俄罗斯人在决定自己饮食方面几乎没什么话语权。人民的生存取决于他们无法控制的力量。对于早期的农民来说，气候变化无常使得每年的收成难以预测，让他们不知道是否能解决自己一家人的温饱问题。俄罗斯东正教在掌权之后，不仅控制人们的宗教生活，同时为了控制他们的饮食，还将一年分为"斋戒日"（postnyi）和"盛宴日"（skoromnyi）——这在很大程度上与农业日历保持了一致。大多数农民都很听话，严格执行在规定日子里能吃什么、不能吃什么的饮食制度。由于贵族们可以获得的食物种类更多，他们就没那么严格地遵循这些教条。所以，当教会经过漫长的辩论，决定除了最严格的斋戒日，其他日子都可以食用鱼子酱时，俄罗斯贵族无疑很高兴。沙皇也下令对俄罗斯人民的饮食加以管控，比如限制或促进伏特加的销售，强制人民食用海鱼（而不仅仅是淡水鱼），并强迫他们种植一度遭受质疑的土豆。

将土豆融入俄罗斯人的饮食并非易事。彼得大帝第一次见到土豆是在1697年访问阿姆斯特丹的时候。他给鲍里斯·舍列梅捷夫伯爵（Count Boris Sheremetev）运了一袋，要求伯爵在俄罗斯推广这些产品。然而，这一举措似乎没有获得任何成果。土豆迟迟未能被俄罗斯人接受。直到1765年，参议院通过一项决议，鼓励人们种植这种食物，局面才有所改观。但俄罗斯农民对这种新奇蔬菜持警惕态度，尤其是俄罗斯的旧派信徒，他们认为，由于块茎生长在地下，而且有"眼睛"，所以它是魔鬼的果实。

土豆的种植虽然逐渐得到推广，但直到1840年，它仍然没有被俄罗斯人完全接受，并在很大程度上被认为是遭遇饥荒才吃的食物。但俄罗斯连续几年粮食歉收，导致沙皇下了好几道命令，强迫人民种植土豆。农民们相信，政府的这些法令是天启的预兆，意味着反基督者即将到来。于是他们决定起义。这就是后来被称为"土豆骚乱"（potato riots）的历史事件。其中有几次，政府不得不动用军队，杀害了许多农民。直到1842年发生了其中最血腥的一次抗议活动之后，政府才选择了以宣传的形式进行温和劝诱，并在20年内使土豆成为一种常见作物。

然而，农民的反抗也有其可取之处。尽管种植黑麦的劳动强度比种植土豆大得多，而且黑麦必须加工成面粉才能制作面包，但它含有丰富得多的蛋白质、纤维、脂肪和碳水化合物，以及大多数维生素和矿物质。土豆被证明是一种可靠而重要的卡路里来源，但作为一种主要的营养来源——以及俄罗斯人身份的试金石——黑麦无疑表现得更为出色。

土豆永远不会被指责为一种贵族食物，因此在苏联时期，作为大众主食的土豆不仅存活了下来，而且发展得很好，常常以平底锅煎炸土豆"肉排"的形式替代肉类。与此同时，苏联人谴责其他食物，如巧克力，认为它们太过资产阶级，而曼努埃尔·佩夫兹纳

（Manuil Pevzner）等营养学家则主张无产阶级的饮食应基于"平和"的食物，因为它们不会扰乱人们的身体系统。国家食品服务组织"纳皮特"（Narpit）在1928年向全国每一家自助餐厅都分发了一本指导手册，旨在积极开展并创造一种新的、具有革命意义的苏联生活方式。手册谴责了许多菜肴的名字带有贵族的、外国的或资产阶级的性质，并提供了一份清单，列举出一些适合替换的无产阶级名称。例如，为了纪念沙皇而命名的"尼古拉维斯基什池"（Nikolaevsky shchi），变成了简单的"碎卷心菜汤"，而杜巴利奶油汤则变成了"奶油花椰菜汤"。贝沙梅尔白酱变成了听起来就倒胃的"白色浓奶酱"，而美式鲟鱼变成了"番茄酱鲟鱼"。总之，纳皮特的命令抹去了数百种著名菜肴的名字，导致后人对其由来一无所知。

到了20世纪30年代，作为让生活"更幸福"运动的一部分，斯大林的态度来了一个180度的大转弯，他开始鼓励大规模生产巧克力、冰激凌和香槟等奢侈性食品。与此同时，肉类一直是人们心仪的食物，但价格昂贵且难以获得。于是食品分配系统——无论是通过官方渠道、私人之间的实物交换还是黑市交易——最终决定了每个家庭的饮食状况。苏联人又特别强调儿童的营养：于是一代又一代的孩子每天都靠吃谷物麦片（麦片粥）、荞麦粥或燕麦粥（其品牌名称"赫拉克勒斯"［Hercules］鲜明地标识出营养，已经成为燕麦片的代名词）而长大。

尽管这些饮食推荐和禁令不断变化，但俄罗斯人仍然对"正宗的食物"达成了强烈的共识。俄语用两个完全不同的词语来表示食物。一般的食物（也可以是一顿饭）被说成"eda"。但是，俄语中还有"pishcha"，代表一种可以提升为隐喻的食物（如思想的食物、灵魂的食物、神的食物），同时表示一些绝对基本和必要的东西。例如，黑麦面包就是"pishcha"，白面包则没有资格被这样叫；通过乳酸发酵的酸菜叫"pishcha"，黄瓜泡菜虽然是伏特加或正餐的最佳搭配，却不能这样称呼。这种区别可能看似复杂，实际上却关乎生存。很明显，在"卷心菜汤和卡沙粥，这是我们的食物"这句谚语中，俄罗斯人之所以使用"pishcha"这个单词，可不仅仅是为了达到押韵的效果。

俄罗斯人对健康饮食的看法反映了在寒冷气候

下的饮食需求，他们喜欢富含纤维、维生素及其他营养物质且保存良好的食物。当彼得大帝时期的俄罗斯农民第一次接触到莴苣时，他们嘲笑引进莴苣的外国人，嘲笑那些享用在他们看来像草一样食物的达官贵人——在他们眼中，这不算正宗的食物。即使后来莴苣（被简称为"沙拉"［salat］）成为一种相当常见的园艺作物，它也从未赢得农民的欢心。直到苏联解体之后，莴苣才终于在俄罗斯的餐桌上找到了一个固定位置。人们还嘲笑20世纪早期的素食者纳塔莉亚·诺德曼-塞维洛娃（Natalia Nordman-Severova），她提倡以野生植物和干草为食，以此作为消除普遍存在的饥饿现象的一种手段。在诺德曼-塞维洛娃1911年出版的《饥饿者食谱》（*Povaryonnaia kniga dlia golodaiushchikh*）中，她坚持认为俄罗斯的草地给人们提供了解决方案。要快速获得一顿美餐，人们只需要走进夏天的田野里，采摘新鲜的植物，像斗篷草、痛风草、当归、山酸草、菁草、蒂莫西草和金丝雀草，然后把它们与芹菜、香菜、莳萝和洋葱混在一起，放一点橄榄油，清炒即可。为了度过冬天，诺德曼-塞维洛娃建议人们把这些草晒干，用粗棉布包起来，做成一种可速食的干制"蔬菜"。到了夏天，当圣彼得堡的艺术精英们来到她与搭档、现实主义画家伊利亚·列宾（Ilya Repin）在芬兰湾雅致的"达恰"（dacha，指乡间别墅）举办的周三沙龙时，众人熟知她会为他们奉上自己用刚割下的草料制成的菜汤。然而，令诺德曼–塞维洛娃极为沮丧的是，她没能让列宾转变为一个素食主义者。

尽管诺德曼–塞维洛娃的饮食被认为不够丰富，不足以成为正宗的食物，但它与传统民间医学之间的亲缘关系，以及她对健康的孜孜追求，反映了俄罗斯饮食实践中另一个不变之处，并且这一点延续至今，即俄罗斯人对疾病的家庭治疗方法，以及他们对草药疗效的信念。尽管这种民间知识是很久以前在没有诊所甚至没有医生的村庄里产生的，但草药智慧仍然被普遍共享并代代相传。新鲜、干燥的草药不仅被用来给伏特加调味，还可以用来制作舒缓神经系统、缓解胃部不适和肌肉酸痛、增加食欲、增强免疫力以及促进睡眠的药物。人们将树莓、黑醋栗、薄荷、香蜂草、圣约翰草和红景天等植物的叶子、根和果实收集起来，混合在一起制成草药。

在俄罗斯农民的眼中，脂肪（最好是猪油）的价值高于肉类中的蛋白质。菜汤的好坏是根据其表面闪闪发光的脂肪量来判断的，而富含脂肪的鱼类和它们的肝脏（我们现在知道它们富含omega-3脂肪酸）显得极为珍贵。同样重要的是乳酸发酵所产生的口感。19世纪化学家亚历山大·恩格尔加特（Alexander Engelgardt）记录了他对农民生活的观察。他认为酸味是食物最重要的特性。他写道，如果没有酸性元素，"晚餐就不是劳动者的晚餐"。恩格尔加特甚至声称，对自己乡下庄园里的工人来说，有虫蛀的酸菜总比没有酸菜要好，因为他们非常喜欢酸味，并认为它富含营养成分。如果由于某种原因，酸菜或甜菜格瓦斯不能作为汤中的酸味剂，农民就会加入乳清、酪乳或泡菜卤水来达到理想的味道。

根据1838年遇到的一个奇怪病例，一位名叫菲古林（Figurin）的医生得出结论：发酵食品对心理和生理都有好处。他在医学杂志《健康之友》（*The Friend of Health*）上发表了一篇报道，描述了一位40岁妇女的治疗情况。这位妇女被圣彼得堡一家医院收治，当时她在身体其他方面都很健康，但行为已经极为疯狂，人们不得不用紧身衣把她束缚住，并用床单把她绑在病床上。这位病人除了精神痛苦，还患有严重的胃部疾病，导致她不停地呕吐。医生用斑蝥（Spanish fly，碾碎的、干燥的水泡甲虫），以及其他一些干预措施，最终缓解了她的疯狂症状，但胃部问题依然存在。病人请求医生用"一些酸的东西"来代替治疗药物鸦片酊，于是医生喂了她一勺酸菜，她高兴地表示接受。不到24小时，她就不再呕吐了。又过了两天，医生停止了酸菜疗法。此时病人的食欲恢复了，她要求来点酸白菜汤和黑面包。吃了这种"pishcha"食物之后，她很快就恢复正常，并被送回了家。

1917年俄国发生革命之后，国家试图建立健康饮食的新规范。于是，早在1920年，俄罗斯就建立了营养生理学科学研究所。1939年，在斯大林的指导下首次出版的经典苏联烹饪书《美味与健康食物之书》（ *The Book of Tasty and Healthy Food* ）中，紧挨着"序言"的那一节叫作"个人合理饮食的意义"，其中介绍了蛋白质、脂肪、碳水化合物、维生素和矿物质在饮食中的重要性。在后来的修订版本中，这一部分变成了"合理饮食的基础"和"营养与健康"。到了1978年，它从最初的2页增加到23页，并用许多图表从科学的角度详细介绍了健康饮食的构成基础。不可避免地，这些建议中的大部分内容，就像后面的食谱一样，都只能令人神往，因为获得像新鲜柑橘这样富含维生素的食物通常是不可能的。然而，尽管苏联时代的食物总体上很单调，但人们从来没有鄙视过传统俄罗斯饮食中营养丰富的食物，比如黑麦面包、荞麦粥、全谷物、通过乳酸发酵的蔬菜，以及蜂蜜。

苏联解体后，俄罗斯到处都充斥着西方食品，给老百姓提供了大量前所未闻的柑橘类水果、香蕉、猕猴桃和葡萄。人们对新鲜事物竞相追逐，甚至用小麦制成的、不太卫生的法式长棍面包——或麦当劳和必胜客等快餐——也大受欢迎。时尚潮流也给俄罗斯社会带来了新的问题，女孩和年轻妇女都在效仿她们在广告中所看到的苗条模特。事实上，她们的祖先曾经鄙视的"杂草"，如今以沙拉的形式变成了她们饮食的重心。

膳食和用餐时间

在俄罗斯，用餐时间因社会阶层的不同而发生变化。在田间干活的农民天不亮就起床吃早餐；到了上午过完一半、接近正午的时候则在地里休息，并吃下一天中最重要的一餐——正餐（obed）；晚上的饭菜则比较清淡，一般都在家里吃——除了收获季节，因为那时他们都在地里不停干活，几乎没有休息。经济宽裕的阶层可以起得更晚，以简单的早餐开始一天的工作，并在上午稍后的时段加一些点心；正餐则在下午两点左右开始，不过它在中午到下午三点之间的任何时候都可以享用；下午晚些时候，人们会吃一顿名为"栢德尼克"（poldnik）的简餐，以撑到晚上八九点钟的晚餐时间，有时还会喝茶。除此之外，加上一顿夜宵通常会让一天变得圆满。

对于俄罗斯的所有社会阶层来说，晚餐的主要元素是一碗汤，搭配黑面包或其他富含碳水化合物的食物。对于农民而言，汤就是一顿饭，但富有的家庭可以享受多种菜肴。俄罗斯用餐最独特的方面，也是经常让外人感到惊讶的一个方面，是他们的第一道菜，被称为"扎库斯卡"（zakuska）的开胃菜。在沙皇时代，富裕的家庭拥有一桌单独的扎库斯卡，甚至常常有一个单独的房间供应这种开胃菜。这种提供可以放置数小时而不变质的自助餐的做法始于18世纪——尽管小食的概念早就存在了。（在弗拉基米尔·达尔［Vladimir Dal］的权威俄语词典中，扎库斯卡被定义为"一种加了腌菜和其他食物的伏特加"。）开胃菜的流行特别符合俄罗斯绅士在他们乡村庄园的饮食习惯。客人们由于不得不面对糟糕的路况和变幻莫测的天气，所以经常赶不上饭点，搞得饥肠辘辘。如果主人早就准备了一桌扎库斯卡，那他们可以在到达后立即开始大吃大喝。19世纪早期餐馆的兴起，使这些正式的扎库斯卡餐桌得以向城市公众开放。

外出就餐

街头小吃一直是俄罗斯城市生活中重要而生动的组成部分。小贩们在街道上穿梭，兜售各种特色菜肴，比如斯必腾（一种滚烫的、加了香料的蜂蜜饮料，装在像背包一样背着的瓮里出售）、滚烫的皮罗兹赫基（一种手掌大小的馅饼）、莫斯科"卡拉奇"（kalach，一种用最好的小麦粉制成的手提包状面包）和基塞尔（一种用燕麦片或干豌豆做成的丰盛甜品）。此外，莫斯科和圣彼得堡著名的户外"排挡"还设立了摊位，人们可以在那里买食物带走，也可以坐在长桌前快速吃上一口。街头小吃的传统不像革命前就存在的其他一些生活习惯那样，到了革命之后就被迅速根除，而是在整个苏联时期获得蓬勃发展。摊贩们出售布林尼（煎饼）、"蓬奇基"（ponchiki，甜甜圈）和切布瑞克（克里米亚肉饼）。许多售卖这些食品的售货亭都设立在火车站和地铁站外面。在苏联解体后的几年里，随着"克罗什卡–卡尔托什卡"（Kroshka-Kartoshka，卖烤酿土豆）和"特瑞莫克"（Teremok，卖传统俄罗斯食物）等快餐连锁店相继站稳脚跟，这些售货亭受到了政府更严格的监管，并朝着同质化的方向发展。

早在11世纪，俄罗斯就有了更丰富的餐饮（主要是饮料）场所。首先出现的是一种名为"科尔奇马"（korchma）的酒馆。顾客们可以在那里喝蜂蜜酒、格瓦斯和不含啤酒花的啤酒，但他们通常会从家里带一点零食来搭配。科尔奇马的气氛很像俱乐部，里面有一个用来社交或讨论公民事务的大厅。根据1150年颁布的一项法令，科尔奇马从此必须向执政的王子们缴纳税款，从而大大限制了这种集会形式。最终，科尔奇马的所有权受到管制，政府开始对其征税，于是，它们的受欢迎程度随即下降。

一种不同的酒馆——"卡巴克"（kabak）在伊凡四世的命令下出现了。他最初建立这些设施只是为了方便自己的精英卫队，但后来它们开始向不同的社会群体开放。由于经营卡巴克利润丰厚，并且要上交很重的税赋，所以对其进行严格的监管符合政府的利益。这些酒馆不能出售食物，只能卖饮料，尤其是当时流行的伏特加（当时被称为"zeleno vino"，即用谷物酿造的酒）。

在彼得大帝的统治下，俄罗斯的公共餐饮发展到了一个新的阶段，建立了"特瑞克提尔"（traktir）餐厅。在那里，食物可以和酒精一起享受，从而减轻了酒精的影响——至少在理论上是这样的。这些餐厅通常吸引了比卡巴克餐厅更有品位的顾客，最终以制作传统俄罗斯美食而闻名。工人和其他低收入者在"饕餐排挡"（obzhornye riady）花上几个戈比[1]就能饱餐一顿。饕餮排挡是色彩斑斓的市场食品摊位，摊主们富有想象力地将剩饭剩菜改造成便宜的馅饼。或者他们也可以在"库赫切夫尼"（kharchevni）小吃摊上吃饭，这种小吃摊的升级版是价格实惠的"库赫米斯特斯基"（kukhmisterskie，源自德语"Küchenmeister"，意为厨师）。它们在这时出现，主要是为工人和学生提供餐饮，因为他们中许多人住的公寓或宿舍里没有厨房。库赫米斯特斯基提供了很诱人的外卖选择。在餐饮行业中，与这些廉价场所相对的是咖啡馆（coffeehouse），主要为外国顾客服务，尤其是在圣彼得堡。此外，当时还有高端私人绅士俱乐部，让人们可以坐在装修别致的房间里，一边吃着美味的食物，一边增进友谊。其中尤其值得一提的是莫斯科的"英语俱乐部"，以提供俄罗斯和法国两种菜系的套餐而闻名遐迩。此外，城市餐饮和农村的一样，食物消费都以阶级为基础，只是情况更加复杂。

---

1. 戈比为俄罗斯等国的辅助货币，1戈比等于0.01卢布，约为0.002099人民币。——编注

俄罗斯第一家正式的餐厅于19世纪初开业，是位于圣彼得堡的"杜诺德酒店"（Hotel du Nord，时至今日它拥有一家很受欢迎的面包店，名为杜诺德1834）。咖啡馆开始被咖啡屋（café）取代。在那里，除了葡萄酒和更丰富的食物选择，顾客还可以享用糕点和巧克力。在整个19世纪，政府颁布了一系列管制各类饮食场所的法律，其中许多法律旨在将俄罗斯迅速变化的社会阶层限制在他们历来经常光顾的地方。到19世纪末，简单淳朴的库赫米斯特斯基已经被"斯托洛维亚"（stolovaia）取代，后者在苏联时代蓬勃发展，直到今天的俄罗斯依然存在。这些便宜的自助餐厅的服务质量参差不齐，有的糟糕透顶，有的非常优秀。其中最好的是20世纪初由俄罗斯各种素食协会组织的那些，它们以优质、新鲜的食物而闻名遐迩，经常吸引大量顾客光顾。比如1916年，在第一次世界大战期间，基辅素食协会赞助的两家自助餐厅就提供了超过五万份晚餐的服务。

在俄国革命之后，工人们越来越多地在工作场所的食堂吃饭——这是一项重大政治努力的组成内容之一，目的是将女性从家务劳动中解放出来。早期的宣

The Kingdom of Rye

黑麦王国

图7：阿尔卡迪·谢赫特（Arkady Shaikhet），《工厂厨房》（*Factory Kitchen*），摄于1930年。莫斯科的卡车工厂后来被称为"利哈切夫工厂"，它拥有一个模范工厂厨房，用作工人食堂。这个巨大的房间里挂着一些横幅，上面写着振奋人心的口号，比如"学习，学习，再学习""用十年完成以前需要一百年才能完成的事情，以免苏联被粉碎"。为了给一个住宅综合体让路，该建筑于2016年被拆除。这张照片现收藏于莫斯科多媒体艺术博物馆

传海报宣称："打倒厨房奴隶制！"与此同时，20世纪20年代富有远见的建筑师们建造出了社会的"活细胞"：只有一个房间的公寓，其中唯一的"厨房"就是一个电炉。居民将与公寓大楼的其他住户一起在一个大的公共设施里享用正餐。为了供应食堂，巨大的"工厂厨房"由亚历山大·罗申科（Alexander Rodchenko）等主要的建构主义者设计出来。可以预见的是，由于大多数员工都是女性，对她们的这种"解放"实际上意味着更加艰苦的劳动，因为她们一次要为一百个人准备和提供食物，然后才能回家面对

自己的家务。

虽然强制性的公共用餐在20世纪30年代消失了，但工人食堂和公共食堂在不同条件下依然存在。1940年引入了"国家标准体系"（Gosudarstvennyy Standart, GOST），规定在整个庞大的苏联，每个食堂和餐厅的每道菜都要以精确的方式进行准备，甚至要求精确到所有原料的克重，而这些原料本身也是按照质量加以分类的——这是中央集权计划走向极端的一个例子。因此，从理论上讲，一个莫斯科人在塔什干或塔林的自助餐厅吃午餐时，可以预料到那里"吉特列"（kotlety，一种肉饼）的味道与自己在当地自助餐厅尝到的味道一模一样。尽管在实践中，厨师的能力反映在他们所提供的菜肴上，但国家标准体系的规定成功地在公共领域推行了一套苏联通用的烹饪食谱和方法。如今，许多苏联菜肴已经成为人们情感上的最爱。比如，伊琳娜·查杰娃（Irina Chadeeva）的《GOST烘焙：我们童年的味道》（*Baking by GOST: The Taste of Our Childhood*）等食谱近期的流行，就是这方面的证明。

当然，并不是每个人都经常光顾自助餐厅。那些身居要职的苏联公民（科学家、作家、作曲家等等）每周都能得到特殊的"干粮"奖励，其中通常包括鱼子酱等难以获得的"匮乏"食品。享有特权的准私人机构拥有一流的餐厅，就像米哈伊尔·布尔加科夫（Mikhail Bulgakov）的小说《大师与玛格丽特》（*The Master and Margarita*）中所描述的作家联盟一样。在那里，就餐者可以享用松露画眉、丘鹬或放在银质烤盘里的小体鲟——只要他们的作品得到政府的认可。

至于公共餐厅，在20世纪80年代初，莫斯科的900万人口中只有两家出色的餐厅，而且都没有专门经营俄罗斯风味的菜肴。其中"阿拉格维"餐厅（Aragvi）的特色是制作格鲁吉亚美食，而"乌兹别克斯坦"餐厅（Uzbekistan）则提供香料饭和烤串。这两家餐厅对大多数苏联公民来说实际上都是"禁区"，不仅因为它们价格太贵，而且因为进入餐厅需要"地下交易"（blat），有权势或"拉关系"。尽管按餐厅的标准来看已经位满，但外国人仍然可以通过塞给门卫一包万宝路，或在护照里塞一些硬通货进行贿赂，从而进入餐厅。但普通俄罗斯人只能接受现实，他们选择在带宴会厅的大型餐馆里举办生日宴和婚礼等隆重仪式——于是，当台上响起低沉的音乐时，基辅鸡肉和波扎尔斯基肉排等民族菜肴就会被端上餐桌。

但即便是在苏联时期，也有很多休闲餐厅。每个餐厅都专门供应一种特定的、受人喜爱的食物，比如饺子、布林尼煎饼、切布瑞克肉饼、烤肉串（shashlyk）、茶、糕点，以及啤酒。要想真正吃上快餐，可以选择"扎库索奇尼"（zakusochnye），这是一种小吃店，你可以站在高高的圆桌旁边狼吞虎咽。要想快速提神，从停在街角和广场上的亮黄色油罐车里随便挑一辆，就能喝上一杯格瓦斯。

到了苏联时代末期，快餐店出现了。麦当劳于1990年在莫斯科开设了一家分店，位于普希金广场一个具有象征性意义的地点，距离克里姆林宫步行仅20分钟。成千上万人排了几个小时的队，想成为第一批品尝美式汉堡的食客。很快，其他外国快餐店和俄罗斯本土快餐店也开始纷纷出现。如今，就餐选择多种多样。值得注意的是，俄罗斯一些最时髦的餐厅显示出了对传统（或理想化的传统）食物的回归倾向。在那里，食客可以品尝到中世纪莫斯科的卡拉奇面包，或者一碗在砖砌炉灶中蒸熟的调和了桦树汁的麻籽粥。

2

艰 难 与 饥 饿

Hardship and Hunger

切得厚厚的面包皮，外面虽然烤过，里面却依然湿润，与茶特别相配。如果你把面包留在煎锅里，用刀叉挑着吃——就可以算作一顿饭了。

——莉迪亚·金兹伯格（Lidiya Ginzburg），

《封锁日记》（*Blockade Diary*）

2015年8月4日晚上，许多观看俄罗斯国家电视台晚间新闻的观众非常震惊，他们看到：从哈萨克斯坦到白俄罗斯，俄罗斯边境有大量食品被销毁。弗拉基米尔·普京刚刚颁布法令，从欧盟和其他西方国家进口的肉类、奶酪和蔬菜必须用"移动火葬场"烧毁——这是俄罗斯对克里米亚事件后遭到西方制裁所作出的回应。英国《卫报》这样描述这则新闻："'一项清理数十吨走私猪肉的行动已经开始。'一位新闻主播宣布……视频中，海关官员得意扬扬地揭开了一大批'乌克兰'猪油的面纱，这些猪油实际上是丹麦产的，只是贴了假标签而已。大约35吨猪肉，装在蓝色容器里，被扔进了焚化炉。"对俄罗斯人来说，这种肆意破坏食物的行为让人难以忍受。于是超过50万人签署了一份请愿书，要求将这些违禁食品分发给有需要的组织和个人。但他们的请求遭到了拒绝。

从一开始，饥饿和太过频繁的饥荒就成了俄罗斯历史的主旋律。除了草原上肥沃的黑钙土地带（仅占全国总面积的8.7%），俄罗斯的土壤大部分都很贫瘠，而且生长季节相当短。历史上，农民保守的农业实践限制了粮食年产量，他们坚持三田轮作制度（three-field rotation）[1]，其中三分之一的土地始终处于非生产性休耕状态。农民的播种方法也已经过时，因为他们使用粗糙的木犁，几乎无法穿透土壤。在每个村庄，农业工作都由"米尔"（mir）管理。"米尔"是一种自治机构，控制耕地和森林的使用。在大多数村庄，居民都愿意种植相同的作物，这样就可以集体收

---

1. 亦称"三田制""三圃制"或"三区轮作制"，是一种典型的西方农庄的轮耕制度。耕地被划为条形，封建主的土地和农奴的土地互相交错。耕地大致被分为春耕、秋耕、休耕三部分，每块土地在连续耕种两年之后，可以休耕一年。——译注

割。但这种制度通常只能让农民勉强度日，无法发家致富——尽管也有一小部分农民由于变得相对富裕而被称为"富农"（kulak）。19世纪末实行的农业改革被证明收效甚微，三田轮作一直持续到20世纪30年代才宣告终止，当时政府强制推行了农业工业化。

俄罗斯最早的历史记录可以追溯到公元852年[1]，其中就记载了几次严重的饥荒。有些描述令人毛骨悚然，比如1071年罗斯托夫（Rostov）的那场饥荒，发生于俄罗斯接受基督教之后不到一百年的时间以内。为了颠覆新的宗教，异教牧师指责杰出的女性造成了食物短缺。据《往年纪事》（*Primary Chronicle*）记载，当地妇女被带到异教牧师面前，而这些牧师"通过魔法，在每个妇女的背上刺了一刀，然后从她们的身体里抽出了小麦或鱼。他们就这样杀害了许多妇女，并把她们的财产据为己有"。但当然，这背后的真正原因——以及随后造成俄罗斯周期性饥荒的真正因素——得归咎于环境，包括不利的天气和虫害。

---

1. 这一说法来自下文提到的《往年纪事》，书中指出"拜占庭历6360年（公元852年），当米哈依尔开始执政时，罗斯国的名称开始出现"。——编注

糠面包和乞讨面包皮

到了现代，俄罗斯由于缺乏政府规划和救援援助，天灾造成的影响更甚。1891年，伏尔加河流域发生严重饥荒的直接原因是当年粮食歉收，但由于政府在30年前解放农奴之后未能建立适当的粮食分配系统，饥荒变得更加严重。更糟糕的是，由于粮食是国家收入的重要来源，政府决定继续出口粮食，于是耗尽了国库储备。那年冬天格外寒冷。为了生存，人们靠采集山菠菜和橡子，并从桦树上切下带着苦味、含有鞣酸的内层树皮（zabolon'），将其煮软，然后晒干并磨成粉。这种饥荒食物甚至比农民们在耗尽储备之后经常吃的糠面包（pushnoi bread）还要糟糕。正如亚历山大·恩格尔加特在他的《1872—1887年乡村来信》（*Letters from the Country 1872–1887*）中所描述的那样，这种面包是"由未筛过的黑麦制成的，即把麦粒和麦壳混在一起，直接磨成面粉，然后以通常的方式进行加工。这种面包是一块塞满了细碎麦壳的面团；它的味道还可以，和普通的面包一样，只是没那么有营养，但它的主要缺点是难以下咽，不习惯的人根本就吃不下去，即使真的咽下去了也会忍不住咳嗽，嘴里会有某种不舒服的感觉"。

在正常的困难时期，农民有一个内置的安全网。在俄罗斯农村，带有慈善性质的分享面包的做法在"乞讨面包皮"（begging for crusts）中被仪式化了，这通常发生在冬季或早春谷物供应耗尽的时候。儿童和老年人（在最糟糕的年份，身体健康的年轻人也是如此）会在肩上挂一个麻袋，步行或乘车前往食物更丰富的邻村，向那些尚有余粮且能够施舍的家庭乞讨小块面包——有时只有3英寸[1]见方。这种做法形成了一种微妙的礼仪，与普通的请求施舍截然不同。人们有一种心照不宣的共同责任感。俄罗斯农民知道，最好为饥饿者保留一点尊严，不必令其苦苦哀求，因为在一年又一年的岁月轮回中，他们的角色很容易颠倒过来。一个家庭即使只剩下一条面包，他们仍然会分一些给任何前来乞讨的人。然后，他们自己可能会向尚有粮食的其他人家请求施舍。如果讨到的面包一下子吃不完，他们就把多余的面包放在炉子里烘干，变成

---

1. 1英寸等于2.54厘米。——编注

面包干，为今后挨饿的日子做准备，或分发给其他有需要的人。

"乞讨面包皮"被认为是自然秩序的一部分，不像普通的乞讨那样遭人蔑视。安东·契诃夫的短篇小说《牡蛎》（*Oysters*，1884）从一个小男孩的角度来讲述故事：他的父亲已经沦落到在莫斯科街头乞讨零钱的地步，而这个男孩本身患上了"一种奇怪的疾病"，这种疾病使他变得十分虚弱，以至于两腿发软，说话含混不清，头也歪到一边。他感觉自己快要晕倒了。"如果我当时住进医院，医生们一定会在我的病历上写上：饥饿——一种没有在医学教科书上列出的疾病。"在故事的结尾，小男孩的父亲羞愧难当，最终疯了，其中的部分原因是饥饿，但另一部分原因则是耻辱心。

宿命论与俄罗斯东正教

在伏尔加河流域发生大饥荒期间，美国驻圣彼得堡大使查尔斯·埃默里·史密斯（Charles Emory Smith）在《北美评论》（*North American Review*）上发表了一篇关于这场危机的文章。在文章的结尾部分，他对所谓的农民的斯多葛主义（stoicism）[1]进行了思考："长期的斗争使农民疲惫、憔悴、穷困潦倒。但他们还得面对保证来年丰收的种种要求，其苛刻程度几乎会压垮其他任何民族。然而，他们的耐心和韧性似乎永无止境：无论如何命运多舛，他们都以一种冷酷的斯多葛主义坦然接受。"不过，这种忍耐可以更恰当地解释为一种宿命论。对俄罗斯农民来说，这种宿命论超越了恶劣的生存环境，是伴随深刻的宗教信仰产生的。随着俄罗斯东正教获得权力，圣徒取代了强大的异教神，许多民间信仰也因此沦为迷信。俄罗斯农民最害怕的是"奥文尼克"（ovinnik），他住在干燥的谷仓里，而谷仓很容易着火。但只要献上馅饼，就可以让他不再发怒。如果庄稼歉收或牲畜生病，说明这个家庭可能惹恼了"波列维克"（polevik）——他是原野之神，长着一头野草。

---

1. 又称斯多葛学派，是古罗马最流行、最成功的思想流派，其基本观点之一是人最大的美德就是"顺应自然"或"顺应理性"。以这种方式生活，能让人减少焦虑，释怀过去，更好地面对羞辱、悲伤、衰老，让人的内心归于从容和安宁。——译注

最需要经常安抚的则是"多莫沃伊"（domovoi），他是家庭之神，住在火炉的下面或后面，喜欢恶作剧。不过，让他吃一份卡沙粥或"面包加盐"（khleb da sol'），大家就能相安无事。此外，俄罗斯农民如果搬家，得小心翼翼地搬走一个装满了旧炉子里的煤灰的陶罐，以确保多莫沃伊能在新家舒坦地安顿下来。

通过这些信仰和实践，农民放弃了自己对生活所负的一些责任——无论是对异教之神、民间神灵，还是对奴役他们的主人——从而在艰难的现实中找到生存的意义。基督教具有很强的诱惑，它通过上帝命令人们如何生活，而上帝的话语则通过俄罗斯东正教会进行传播。在试图让农民摆脱迷信和异教信仰的过程当中（这只取得了部分成功），教会找到了一种方法——通过将大多数俄罗斯人每年经历的饥饿模式编入法典，来强化自己对他们的控制。

一年中有近两百天被定为斋戒日。在这期间，肉类和奶制品的消费受到严格限制。食品被分为五类：肉类、乳制品、鱼类、淀粉制品和蔬菜。俄罗斯人在周三和周五不能吃肉；最虔诚的人甚至会选择"加周一"，即在周一也不吃禁忌食物。除了这些每周例行的禁食日，俄罗斯的斋戒期由于其他一些名目而被大大延长，其中最重要的是"四旬期斋戒"[1]（40天，加上复活节前的受难周）。深冬正好是最饥饿的时期，因为新的粮食尚未播种，而第一批野生蔬菜要等到春天才会长出。此外还有圣诞节或称"菲利波夫斋戒"（Filippov fast，在圣诞节的前六周）、纪念圣彼得和圣保罗的斋戒（fast of Saints Peter and Paul，从五月下旬或六月开始，持续一到六周，具体时长取决于复活节的时间）；以及"圣母安息日斋戒"（Dormition，八月的两个星期）。在最严格的斋戒日（四旬期和圣母安息日），人们甚至连鱼和植物油都不能吃。一般来说，家庭越贫穷，居民就越严格地遵守斋戒，他们在心里将匮乏等同于虔诚。因此，俄罗斯农民的饮食主要包括我们今天所认为的"纯素食物"。但对于富人来说，禁食并不一定意味着匮乏。17世纪中期，在一个于斋戒日举行的国宴中，出现了大约500道菜，其中没有一道菜是用肉制品制作的。

---

1. 也叫大斋节，封斋期一般是从圣灰星期三（大斋节的第一天）到复活节的40天，基督徒视之为禁食和为复活节做准备而忏悔的季节。——译注

一种常见的斋戒日食物叫"库拉尕"（kulaga），一种轻度发酵、营养丰富的粥，是用黑麦芽和黑麦面粉放在炉子里煮出来的。但农民厨房真正的主伙食，尤其是在禁食的日子里，其实是"戈罗赫"（gorokh）——一种干豌豆，非常普遍，以至于俄罗斯谚语用"在豌豆沙皇（Tsar Pea）[1]的时代"表示"很久很久以前"。然而豌豆粥作为基塞尔的一种，既可以做得很美味，也可能变成黑暗料理：将干豌豆磨成的粉加水煮开，然后用大麻油调味（不过，如果不是在斋戒的日子，加黄油味道要好得多；如果再加上大蒜，那粥的味道就更上一层楼了）。这种粥通常经冷冻后被切成方块呈上，或者被做成美味馅饼的馅料。一些厨师甚至准备了"豌豆奶酪"——把煮熟的豌豆和酸面团发酵剂以及一点植物油混在一起，然后放置几天。来自南部城市罗斯托夫的干青豌豆，以其甜味和优良的质地而闻名遐迩，比更常见的黄豌豆的价格

---

1. 即"沙皇戈罗赫"（Tsar Gorokh），"Gorokh"意为"豌豆"。沙皇戈罗赫为俄国民间传说中的虚构人物，"沙皇戈罗赫的时代"作为一种远古时代的象征经常出现在俄罗斯童话故事的设定里；日常用语中"沙皇戈罗赫"则通常被用来传达一种讽刺意味。——编注

更高。但在19世纪晚期，不良商贩用剧毒的巴黎绿化合物给黄豌豆染色，导致很多人中毒。这使得优质青豌豆的价格也随之下降，并最终从市场上消失。

1921—1922年的饥荒

根据国际联盟（League of Nations）1922年的一份报告，1921—1922年发生的饥荒与1891年的那次饥荒同样可怕，是现代欧洲有记录以来最严重的一次饥荒。大约3000万人受到饥饿的威胁，许多人走投无路，只能去吃自家屋顶上的茅草，甚至做出更加骇人听闻的事来。就像早期的俄罗斯饥荒一样，这场灾难原本是由持续了两年的严重干旱引起的。但第一次世界大战、俄国革命、内战等连续性影响，以及政府要求农民上交公粮的呼吁，导致这场灾难被人为放大了许多倍。最终，500万人死于饥饿或与饥荒有关的疾病。

由于新成立的苏联没有粮食储备，它被迫向国外寻求援助。作家马克西姆·高尔基出面调解，寻求美国商务部部长赫伯特·胡佛（Herbert Hoover）的帮助。1919年，胡佛成立了美国救济署（American Relief Administration），在第一次世界大战后援助欧洲。但在当时，他要做出一个在政治上很艰难的决定，即向布尔什维克国家提供大量援助。美国救援人员最初对于在那片看似充满异国情调的土地上完成使命充满热情，但他们的冒险精神很快就被自己目睹的恐怖景象冲淡了。1921年，伟大的俄罗斯诗人维利米尔·赫列布尼科夫（Velimir Khlebnikov）在诗歌《饥饿》（*Hunger*）中描述了这些恐怖的经历（英文由保罗·施密特［Paul Schmidt］翻译）：

把老鼠烤着吃。

他们的儿子准备好一切，在田野里抓到了老鼠。

老鼠的尸体摆在桌子上，

四肢张开，尾巴又长又黑。

今天是一顿丰盛的晚餐，

一顿真正的大餐！

就在不久前，如果这位家庭主妇

发现奶油里淹死了一只老鼠，

她会吓得浑身发抖，大喊大叫，并把罐子砸成碎片。

由于俄罗斯的铁路网络在战争中被摧毁，美国救援人员不得不随机应变。他们从中亚组织了庞大的骆驼队，它们能够经受住寒冬天气的考验，并把不易腐烂的食物运送给饥饿的人们。美国救济署捐助的款项、设置的救济处以及输送到偏远地区的食物，为许多苏联人提供了帮助。

集体化

经过七年的战争和革命，苏俄经济一片混乱，因此列宁在1921年推出了"新经济政策"，允许进行有限的资本主义活动。起初，国家政策鼓励富农开办个体企业，但在20年代末，苏联政府转向了打击富农。任何看起来比较富裕的农民，或雇工耕种的农民，都可能被贴上人民公敌、反革命分子或粮食投机者的标签。1929年开始清算富农，这是农业集体化运动的一部分——将私人拥有的农场转变为大型国有资产。1932年和1933年，乌克兰爆发了一场由政府引发的可怕饥荒，即所谓的"乌克兰大饥荒"（Holodomor）。它不仅造成近400万人死亡，而且基本摧毁了该地区的生产性农业。

在推动农业机械化的过程中，政府创造了两类农场。其中，"集体农庄"（kolkhozy）是由私人拥有的小块土地合并而成的，而"国营农场"（sovkhozy）则建立在以前就充公的、规模更大的土地上。莫斯科实行中央计划经济，决定种子、牲畜和设备的分配，并规定了往往无法达到的产量。尽管一些集体农庄饲养牲畜，但在整个苏联时期，肉类供应一直处于短缺状态，因为大约一半的牲畜已经在集体化期间死亡，它们要么被农民屠杀，要么死于饥荒。苏联的肉类工业从未得到完全恢复。雪上加霜的是，生物学家特罗菲姆·李森科（Trofim Lysenko）的植物进化理论受到推崇，给苏联农业带来了灾难性的影响。李森科完全抛弃了遗传学定律，他声称，只要环境合适，植物可以获得有益的新特性并遗传给下一代。他把冬小麦和黑麦的种子冷冻起来，选择在春天而不是秋天播种，坚信这种被称为"春化"的做法不仅可以让粮食的产量翻几番，还可以使苏联北部地区更广泛地开展

The Kingdom of Rye

黑麦王国

图8：马克斯·阿尔珀特（Max Alpert），《从富农手中夺取粮食》（*Seizing Grain from Kulaks*），摄于1930年11月1日。作为斯大林集体化计划的一部分，共青团的成员没收了某些人藏在墓地里的粮食。没收的粮食被运到分配点，并被看守起来。但是，这些粮食经常被放到腐烂。俄罗斯卫星通讯社（Sputnik）提供图片

农业活动。但后来的事实是，春化作物歉收，导致了大范围的饥荒。

在中央集权的农业制度下，工人们干活缺乏动力，即使在收成有望的年份，大部分粮食也因为田间地头以及整个分配链条上的不当操作而白白浪费了。唯一使更多人不至于挨饿的做法是，政府决定允许集体农庄的工人耕种自己的小块土地，而这往往意味着生与死之间的区别。

列宁格勒之围

　　1941年6月，德国入侵苏联。到1941年9月8日，他们已经包围了列宁格勒（以前的圣彼得堡）。列宁格勒是俄罗斯伟大的帝国首都[1]，也是俄罗斯第二大城市。随后的围攻持续了近900天。大约有100万列宁格勒居民死于纳粹德军的饥饿政策。

　　德军轰炸行动的直接目标是列宁格勒的巴达耶夫仓库，因为那里存放着面粉和糖。结果这个仓库被完全摧毁。在大火扑灭之后，工人们还是设法把融化在地的2500吨糖打捞出来，并把浓稠的黑色糖浆制成糖果。但700吨糖和所有的面粉都在轰炸中损失了。这对自6月起就因战争配给强制实施而挨饿的苏联民众来说是一个沉重的打击，特别是在气温下降、取暖燃料无法供应的情况下，条件变得更加恶劣。然而，足智多谋的列宁格勒人用斧头将浸满糖的冻土挖开。有些企业家甚至在这块"甜土"上赚了一笔，他们从

---

1. 1712至1918年圣彼得堡是沙皇俄国的首都，十月革命后首都迁回了莫斯科。——编注

三英尺深的地下挖出土壤，将其以100卢布一杯的价格出售，而从更深的地表下挖出的土壤只需50卢布一杯。人们把土壤加热，用棉布过滤融化的糖分，或将其与浆糊混合制成一种黏性软糖。有些人甚至把这种土直接吞进肚里，只是在吃的时候用热水送服。

几个月过去了，面包中使用的面粉比例不断减少。9月中旬，饲料燕麦和麦芽被添加到商业面包的生产配方当中。10月下旬，从拉多加湖（Lake Ladoga）一艘沉船上打捞出的发霉谷物晒干后被加入到面团里面。1941年11月20日，本已微薄的面包配给被进一步缩减。工厂工人每天能分到250克；剩下的人每天只能摄入125克，约四分之一磅。这种面包的成分按下列标准进行搭配：73%的黑麦面粉、10%的"可食用"纤维素、10%的棉籽油饼（zhmykh，通常用作动物饲料）、2%的糠、2%从面粉袋里抖出的面粉渣和灰尘，以及3%的玉米粉。"围城面包"潮湿、沉重，呈绿褐色，其质地非常松散，拿在手里就会碎，甚至每块面包都有种令人难受的胶质感。它的味道糟透了，稠密的填充物使这种围城面包比普通面包重68%，因此125克的口粮中只含有74.4克可消化

The Kingdom of Rye

黑 麦 王 国

图9：谢尔盖·布洛钦（Sergei Blokhin），125克的围城面包配给，摄于1941年。在列宁格勒被围困后最糟糕的几个月里，普通市民每天的面包配给只有125克——比四分之一磅略多一点。这种粗糙的黑麦面包不是对其他口粮的补充，而是政府提供的唯一食物，因此失去配给券可能就意味着死亡。该照片现收藏于莫斯科多媒体艺术博物馆

物质。面包供应如此有限，人们必须寻求其他食物补给，但在列宁格勒被围困的第一个秋天和冬天，几乎没有任何其他食物来源。处于哺乳期的母亲营养不良到没有奶水，但市政当局每天只为婴儿分配3.5盎司的豆浆。一位母亲写道，她割开手臂抽血，好让她的孩子有营养可吸。妇女们顶着炮火寻找食物。晚上，她们穿着黑色的衣服，冒险进入田野，在冰冻的土地上挖出任何留在地下的腐烂的土豆。

　　绝望的人们从厨房地板的裂缝中收集面粉灰尘，舔舐飞溅到厨房墙壁上的油脂。他们撕开书本，从装订处取出胶水，并从墙上刮下墙纸浆（胶水和浆糊是

由动物蛋白制成的）。他们将木工胶水浸泡24小时，然后在沸水中长时间熬制，让其释放出一种像动物的角和蹄被烧焦的刺鼻气味，变成类似于肉冻的某种东西。胶水冷却之后会变稠，再加上一点醋或芥末，就可以勉强下咽。

1942年的冬天被证明是20世纪最严酷的冬天之一，它加剧了这场饥荒。在寒冷的天气中，人们需要摄入更多的热量才能生存。但是，当拉多加湖的水面结冰时，严寒也提供了一条微弱的生命线。工程师与了解湖泊危险点的渔民一起，绘制了一条穿越厚厚冰层的运输路线，并用除雪机将其清理出来。这条冰道，被饥饿的居民称为"生命之路"，绵延长达29千米（18英里）。由于它距离德国占领区只有12到15英里，因此一直处于炮火的威胁之下。然而，重型卡车日夜不停地在这条道路上行驶，为这个饥饿的城市运送面粉以及一些医疗和军事物资。返程时，卡车会把妇女、儿童、受伤的士兵和一些珍贵的艺术品从冬宫运走。这段旅程充满了危险，再加上狂风产生的湖泊效应，让许多人在试图穿越时丧生。仅在路线开通的头两个星期，就有近两百辆卡车沉入冰层。春天，冰雪融化之后，苏联人民开始沿着"生命之路"使用船只运送，直到1942年12月才恢复冬季车队。总的来说，这条道路运送了150多万吨食品，帮助近150万人撤离了列宁格勒。

那些留下来的苏联人遭受了极其可怕的考验，许多人在第一个冬天就死于饥饿或寒冷。当1942年春天终于到来时，幸存者们开始寻找任何绿色的东西。于是，公园里的小草不见了，树上新生的嫩叶也不见了。妇女们用荨麻和蒲公英叶熬出可口的、富含维生素的菜汤，把蒲公英的根磨成面粉做煎饼，以补充仍然贫乏的配给。这些城市居民在生存方面学到了残酷的知识，包括如何寻找他们以前不知道的可食用植物。然而，并非所有人都表现高尚。围城绝对是残酷的，但从社会研究的角度来看，它也提供了一些耐人寻味的时刻。莉迪亚·金兹伯格在她那本精彩而勇敢的《封锁日记》中，记述了食物以及有关食物的对话是如何超越普遍的性别和阶级障碍的。苏联知识分子通常认为家庭话题不值得重视，而被围困的生活却给予了他们新的关注点："这种（关于食物的）谈话，以前曾招致男人和事业女性（尤其是年轻人）的蔑视，而且（家庭主妇）被禁止对有主见的男人施加影响——不过，形势扭转了。关于食物的谈话已经具有普遍的社会意义和重要性，这是用冬天的可怕经历换来的成果。"

苏联"赤字"

在第二次世界大战结束后的很长一段时间，经济匮乏现象——用苏联的说法就是"赤字"——在苏联仍然十分普遍。当大型国营农场的设备发生故障时，备件通常都是缺失的。种子因此无法及时播种，而当作物成熟时，田地也没人收割。有时设备还可以运转，但燃料不足。贪污、低效和集中计划导致的官僚主义，阻碍人们解决问题和创新发展，而应对办法是征集"志愿者"劳动。于是每年秋天，到了土豆收获的时节，高中生、大学生、工人和工程师都必须暂停自己的正常生活，远赴西伯利亚，在寒冷潮湿的天气里，连续挖几个小时的土豆。冒险活动带来的友谊有时可以抵消一部分艰辛的劳动，正如他们也可以趁机偷些农产品回家。但即使解决了劳动力问题，也无法确保土豆能顺利进入市场。苏联幅员辽阔，分配网络却组织得很差劲，以至于某地区出现的过剩作物无法被运到另一个歉收的地区；此外，苏联人民几乎没有创造增值产品的动力——食物完全被浪费掉了。

为了弥补国家严重的农业短缺，苏联人不得不进口粮食，而令其感到羞惭的是，从1963年开始，大部分粮食都是从美国进口的。在恶劣气候和中央计划经济效率低下的共同作用下，苏联在1972年和1975年分别出现了灾难性歉收的情况，这导致它从其他国家进口粮食的数量创造了新的纪录。1975年，苏联和美国通过谈判达成了一项为期五年的粮食协议，莫斯科同意每年从美国购买至少600万吨小麦和玉米。大部分进口小麦被指定用于人口消费（苏联农产品不仅产量低，质量也很差），不过随着苏联牲畜产量的增加，一些小麦也被用作牛饲料。在1979—1980年的销售年度里，苏联从美国进口了大约3000万吨粮食。

这一数字表明了形势的严峻。但事实上，苏联人民并没有挨饿：他们的平均卡路里摄入量完全够，虽然饮食中会缺乏蛋白质和其他一些营养元素。这个问题其实更多与社会期望有关。20世纪30年代中期，政府为应对人民的不满情绪，启动了一项制造计划，目的是让所有人都买得起像巧克力和廉价香槟这样的奢侈品。1936年，食品工业部部长阿纳斯塔斯·米高扬（Anastas Mikoyan）在美国花了两个月时间来研究大规模生产。他带回了能够大规模生产冰激凌、玉米片和汉堡的机械设备。

第二次世界大战破坏了蓬勃发展的汉堡产业，但1953年尼基塔·赫鲁晓夫上台以后，致力提高苏联的肉类产量。和米高扬一样，赫鲁晓夫访问了美国，回国以后计划在苏联各地大力种植玉米来作为牛饲料。1964年，他甚至委托制作了苏联电视上的第一个商业广告：一部时长仅两分钟的轻歌剧，宣传玉米消费，但具有超现实主义风格，效果惊人，并最终为他赢得了"尼基塔玉米人"（Nikita Kukuruznik）的绰号。然而，这场种植玉米的运动，就像他在哈萨克斯坦和阿尔泰地区那些贫瘠的"处女地"种植小麦的错误运动一样，也以失败告终。一个相对成功的案例发生于1961年。当时，赫鲁晓夫为了发展渔业，提倡在巴伦支海饲养来自北太平洋的堪察加拟石蟹。于是，几乎在突然之间，苏联的商店里出现了大量的察加（Chatka）[1] 蟹罐头，尽管许多巨型螃蟹（腿展开可达6英尺）最终都叛逃了——它们游到挪威水域重享自由，不但摧毁了当地物种，而且持续威胁着那里至关重要的鳕鱼产业。

总体而言，苏联人的饮食仍然显得单调乏味。苏联人很少选择到外面去吃大餐，但他们喜欢去茶室这样的休闲场所吃点快餐，在那里花不到1卢布的钱就可以喝一杯茶，吃到美味的馅饼。由于餐饮服务的食谱由国家统一规定，人们几乎没有动力去进行创新或提高质量。就连食堂的名字也令人沮丧，通常只有一个数字，比如"11号食堂"。可人们不但渴望食物种类更多、味道更好，也期盼它们看起来更有派头。日益繁荣的经济意味着人们有能力购买更好的食物，但对于苏联的普通人来说，这几乎是白日做梦。与食品相关的三大问题定义了苏联晚期的时代特色：一是持续的粮食匮乏；二是人们对奢侈食品及其名声的渴望；三是人们在处理家庭烹饪和粮食供应之间的关系时所表现出的非凡创造力。在这方面，家庭厨师尤

---

1. 俄罗斯海鲜品牌，以售卖拟石蟹为主。——编注

其具有创意，他们用普通的鱼罐头制作出既漂亮又美味的组合沙拉，用像蘑菇和胡萝卜这样切碎的蔬菜——而非真正的肉类——来制作吉特列肉饼。普通的俄罗斯人能够在壁橱大小的厨房里，用带两个燃具灶的火炉烹饪出各种精美绝伦的饭菜。

由于形势所迫，人们在生活中特别讲究可持续性。所有东西都可以回收利用，甚至零碎的绳子也被保存下来。食品上没有铝箔纸，没有保鲜膜，也没有其他多余的包装。令人觊觎的塑料袋被反复使用，直到破损不堪。购买牛奶通常是在分发点——在那里，装牛奶的瓶子用过后还会被送回去重新装满。旧尼龙袜被用来存放洋葱：它们为良好的空气流通留出空间，还可以悬挂起来，以释放城市公寓里有限的存储空间。在制作农家奶酪或弹性果冻（straining jelly）时，长筒袜也是粗棉布的绝佳替代品。相反，糖在与水混合时，可以发挥它作为发胶的双重作用。同时，由于从商店买来的优质糖果都很昂贵——看看"鸟奶""白日梦"这样极端的名字，就知道它们是多么珍贵，糖一般在家里先是融化到深褐色的焦糖阶段，然后制成焦化硬糖。这种做法会让人莫名地联想起围困时期，虽然此时已经不再有那种痛苦的感觉。最受欢迎的糕点是"土豆"和"香肠"，由碎饼干屑、炼乳、可可、黄油制成，有时也会用到磨细的核桃粉。

家务活几乎全部落在妇女身上，即便她们还得和男人一样在外出力。在几代同堂的家庭中，祖母会扮演做饭和照顾孩子的角色。但在战后的岁月里，许多二三十岁的女性，不愿意像她们的母亲和祖母那样在厨房里花过多的时间。劳累了一整天，又在各种拥挤的公共交通工具上挤来挤去，在这种情况下，她们通常会把食物一股脑儿扔进去做一顿快速的晚餐，因为家里上班的成年人和学龄儿童可能已经在工作场所或学校食堂吃过一顿扎实的午餐。烹饪书和女性杂志上的食谱往往注重快捷和经济，而不太追求味道和气氛。然而，同样是这些妇女，在某些特殊场合，她们会使出浑身解数，在城市里寻找美味佳肴，并沉迷于各种关于烹饪的奇思妙想之中，比如将普通的动物肝脏做成一只小刺猬状，在上面插满用黄油做成的尖刺——即便在困难时期，苏联人也知道该如何庆祝。

以苏联方式获取食物

国营商店破旧而沉闷，出售干瘪的蔬菜、面粉、葵花籽油和干面条等主食。这些商店大多出售特定类别的食品，就像食堂一样，只用它们所供应食品的通用名称进行标识，比如"牛奶""乳制品""鱼类""蔬菜""水果""食品杂货"，以及"面包"，等等。国营商店偶尔也会试着取一些更具联想性的名字，如"海洋"或"海的礼物"，而非仅仅说成是"鱼类"。但这样的名字有点言过其实，因为商店出售的食品并不会因此而变得更加丰富或新鲜。于是人们每天得花费好几个小时来寻找食物，而苏联生活中所用的词汇已经反映了这一现实：许多商品不是简单地"买到"（kupit'），而是必须"想方设法才能获得"（dostat'），这一用语暗示了人们在交易中会遭遇的诸多困难，比如长途跋涉、进行复杂的易货谈判，或者在黑市上交易。

苏联有一些消费者合作社（potrebkooperatsii），当时人们可以在那里出售他们自家生产的产品。那里的售价虽然比普通国营商店的价格要高得多，货架却并没有闲置。在那里，人们甚至连肉都可以买到。开办消费者合作社的目的是打击投机倒把的黑市交易，但这一策略并没有取得完全成功，因为所谓的"投机者"可以在黑市上卖出更高的价格，同时他们还可以用自己的食物换取其他"赤字"商品。然而，合作社为农村地区提供了重要的食物来源，因为在农村地区，国营商店实际上数量很少。这种匮乏状况促使农村居民前往莫斯科。在苏联，莫斯科无论在食品分配还是其他一切方面，都享有优先权。于是，每天抵达首都的火车上都坐满了村民，他们用巨大的提包和麻布口袋把能拖回家的东西都买走了。而莫斯科本地人则对这些"香肠列车"造成的食物短缺心存不满。"什么东西又长又绿，闻起来像香肠？"这是苏联时代一个流行的谜语。答案是"从莫斯科来的火车"。

以下是一个典型的城市购物过程，即使在不需要排队进商店的情况下也是如此。由于商品陈列在柜台后面的玻璃橱窗里或货架上，所以你第一步是使劲在人群中挤到柜台前，看看有什么东西自己可以买到。接下来，你必须引起售货员的注意，并向她报出自己想要的产品。售货员用一把木制算盘计算出商品的价格，然后开出一张售货单，你拿着它去商店的另一个地方找收银员付钱。收银员收下钱款，并返给你一张收据，而你必须把这张收据交给先前的售货员，这样才可以拿到自己想要的商品。因此，一次简单的购买需要经过三个步骤，通常需要排三次队。如果商店足够大，有几个不同的食品区，那么每次购买都必须重复以上过程。例如，购买糖果、荞麦粒和农家奶酪需要在不同区域进行，需要出具不同的票据，这个过程相当费时。由于人们不能简单地放下工作花几个小时去购买食物，所以他们经常从办公室（或研究所）委派一个人作为当天的购物员。购物员会利用午餐时间为同事和家人购买食物。1969年，纳塔莉亚·巴兰斯卡娅（Natalia Baranskaya）在中篇小说《平淡的一周》（*A Week Like Any Other*）中描述了完成这项任务的压力：不仅要拖着沉重的购物袋，还要忍受排队等候者的奚落，他们会因为购物者买了这么多东西而对他大加辱骂。如果人们无法在请人购物方面达成一致，那么他们一有机会，就会在下班回家的路上或周六，花大量的"闲暇"时间在一家又一家商店里穿梭，寻找自己想要的食物。

这方面的例外情形发生在面包店，在那里，你可以从展列的各式面包中进行选择，并直接在服务台付款。到了20世纪60年代中期，一些自助杂货店（universamy）开业了。消费者也可以自己从货架上挑选产品，把它们放在购物篮里，然后带到一个集中地点结账。忙碌的妇女经常光顾一种叫作"库利纳里亚"（kulinariia）的商店，那里出售现成的食物（通常很美味），可以带回家直接加热做成晚餐。在商店的前面有一些街边售货亭，策略性地建在人行道或繁忙大街的通道里，让人们在回家的路上可以顺道完成快速购物。

尽管苏联没有一家私人商店，但仍然有一种心照不宣的等级制度在社会上盛行。只有苏联精英阶层才能进入高档区域，在那里有少数几家商店，可以给顾客提供"赤字"物品；这些是"贝里奥斯卡"（Beriozka）商店，只接受外币或特殊凭证。富裕的消费者没有合法途径获得上述任何一种货币，但他们可以在列宁格勒和莫斯科著名的"伊利塞夫"（Eliseev）食品店购物，这些食品店最早建立于19世纪（在苏联时期，尽管这些商店的官方名称是"加斯特罗姆

1号"［Gastronom No.1］，但莫斯科人仍然习惯称其为伊利塞夫食品店）。这种商店里的货物价格昂贵。但即使大多数人买不起上等鱼子酱、进口香肠、巧克力、利口酒和咖啡等奢侈品，他们仍然可以欣赏商店里具有新艺术风格[1]的室内装饰：它们有着惊人的魅力，经过革命和战争的考验仍得以幸存。

20世纪30年代，为了庆祝斯大林提倡的"更好、更幸福生活"的实现，苏联新建的省城里出现了装饰华丽的食品店，有的甚至设有喷泉。1953年，在阿纳斯塔斯·米高扬的指挥下，莫斯科在著名的"古姆"（GUM）百货公司开设了第二家高档食品店。与伊利塞夫食品店一样，它也被称为"加斯特罗姆1号"。虽然店内商品的价格对大多数消费者来说遥不可及，但一旦踏进店里，每个人都可以去买"古姆"自己工厂生产的廉价冰激凌。这种令人难以抗拒的冰激凌装在华夫饼筒里，被认为是苏联最好的冰激凌。20世纪

---

1. 指19世纪末至20世纪中期欧洲新艺术运动（Art Nouveau）建立起的美学风格，它反拨了提倡结构与理性的新古典主义风格，将平民与贵族文化合二为一，形成一种精致高雅又具观赏性的流行文化艺术。——编注

60年代，在为提供大规模住房而新建的边远城区里，居民就没有住在城市中心附近的人们那样幸运了。大型公寓楼的快速建设项目往往没有规划食品商店，导致居民在附近找不到任何地方可以购买食品杂货。

农贸市场是另一个相对昂贵的选择。在这里，购物者可以找到来自格鲁吉亚和阿塞拜疆的小贩出售的大量农产品。这些小贩经常乘坐廉价航班飞往莫斯科，用巨大的口袋塞满过道，里面装着柑橘和费约果等亚热带水果。中亚小贩给人们提供各种葡萄干，尤其是苏丹娜葡萄干，外加杏干、椰枣和坚果，乌兹别克朝鲜族[1]则出售现成的食物，比如辛辣的腌胡萝卜沙拉，它已经成为俄罗斯人餐桌上的一大特色。地上摆放的腌黄瓜、甜菜、卷心菜和大蒜延伸了市场的覆盖面，此外还有各种乳制品：质地或细或粗的农家奶酪（特乌若格）、或稠或稀的酸奶油，以及吃起来像酸奶的"普若斯托科瓦斯哈"和"瑞亚任卡"。一堆堆五颜六色的香料和新鲜香草散发出令人陶醉的气

---

1. 乌兹别克朝鲜族属中亚朝鲜族的一部分，大部分为二战期间苏联从远东边境地区流放至中亚的朝鲜人。——编注

味，而苍蝇则在刚刚被宰杀的牲畜的鲜肉周围嗡嗡作响。

当时社会上也存在一些非正式的商品交换，一个基于私人熟客的关系而建立起来的庞大又复杂的系统，让人们可以交易彼此感兴趣的物品以及工作单位发放的福利。所有这些都反映了"地下交易"或人脉关系最终决定了大多数人的饮食质量。实际上，每个人都参与了战略性的以物易物，这是苏联版的"你帮我抓背，我帮你挠痒"，每个人都用任何自己拿得到手的货物来换取在此之外自己无法获得的货物。获得食物的途径也取决于人们的社会地位。作为福利，大牌的工作单位和组织通过一种"封闭分配"系统为自己的成员提供特殊的"配给"（payok），让他们可以通过代金券或抵扣工资等方式来获得优质或稀缺的食物，其中可能包括黑鱼子酱、柑橘类水果和香蕉，这些食物都供不应求，往往还包括令人垂涎的外国商品。最好的机构自己设有餐厅，有时甚至允许其成员带食物回家。与知名组织有联系的人们，或住在精英公寓楼的居民，也可以通过在一般人不知道的配送点下单实现送货上门，从而避免排队。

这种粮食分配制度当然不公平，但它也是社会性的，办公室、工厂或邻居就构成了你的生存网络。购买食物成了一个全国性的难题，这对大多数人来说，不啻一种煎熬。在这方面，口口相传最为重要。苏联的购物者已经形成了一种第六感。比如说，即使一家商店里看不到香肠，但周围大量人群的聚集暗示了香肠可能即将出现，所以加入人群是值得的。虽然"赤字"物品的运输是秘密进行的，但不可避免地会有人认识参与运输的人，或者在商店工作的人，他们会分享内幕信息。这些信息被选择性地透露给其他人，于是形成了一个活跃的谣言网络，而这些谣言经常被证明就是事实。人们出门时，身上通常都会带一个细绳袋（其俄语名称"avos'ka"很贴切，意为"以防万一"），以免错过购买"赤字"物品的机会，因为这些物品可能会突然出现，也可能很快消失。即使有时忘记随身带一个袋子出来，他们也会争先恐后地从售货亭里拿几张旧报纸来包裹自己意外买到的物品。精明的购物者知道，不要在商店正常营业的时间内光顾，而应当在一小时午餐休息时就去排队等候，因为商店刚刚重新开门，最有可能出现"赤字"商品。当一种商品突然出现时，人们瞬间就会排出好几列队伍，等待抢购。一些所谓的"成长型"队伍——可能绵延数千米。在真正轮到你购买之前，可能会等上好几个小时，而在这几个小时的等待当中，你会充满焦虑，担心商品在自己进门之前就卖完了。

进口食品尤其昂贵，有时更多是因为它们亮眼的包装，而不是质量。移民作家拉拉·瓦彭亚（Lara Vapnyar）在她的短篇小说《爆米花和肉丸》（*Puffed Rice and Meatballs*）中描述了苏联生活的这一特点：

［薇拉］的额头上布满了汗水，她的眼睛因兴奋而鼓起；她显然对世界上的其他一切都熟视无睹。

"爆米……爆米……爆米花，"她喘着气说，"他们在小商店里卖爆米花。"她抓住我的袖子，想喘口气，"脆皮口袋装的美国爆米花？我母亲的一个理发师朋友告诉我们的。我们必须跑快点，因为队伍每秒都在变长。"……

我们排在第256位和第257位。我们之所以知道自己的位置，是因为他们用蓝墨水把号码写在我们的手掌上。我必须把做了记号的手摊开，这样号码就不会被不小心擦掉了，站在我们前面的一个女人就犯了这种错误。她不停地向每个人展示她汗津津的手掌，问他们是否还能看见她的号码，但除了一个褪色的蓝色污渍，那里什么都没有。我肯定他们会把她从柜台边赶走。

苏联晚期著名的排队现象是一种折磨人的时间浪费。然而，任何事物都有两面性。在最理想的情况下，排队提供了一个分享知识与社会交流的机会。莉迪亚·金兹伯格在描述列宁格勒围困时写道，排队打破了知识分子和农民之间的界限：知识分子从来没有认真思考过食物问题，而农民却能够给知识分子传授民间智慧——他们根据自己挨饿的历史经验，从不可能的来源汲取营养。排队形成了一个更真实的集体。

尽管如此，排队往往会引发焦虑和不良行为，增加日常生活的压力。在20世纪80年代中期的经济改革（perestroika）时期，苏联人民获得食物变得更加困难：当时国家开始为黄油和香肠等食品发放配给券，通常委婉地通过提供"领取邀请"，让人们得到"特定数量的某种产品"。到了20世纪80年代末，就

The Kingdom of Rye

黑麦王国

图10：米哈伊尔·格拉乔夫（Mikhail Grachev），《在达恰做果酱》（*Making Jam at the Dacha*），摄于20世纪50年代。俄罗斯人对达恰庄园生活的热爱体现在这张照片里：一位妇女利用夏天丰富的浆果在户外制作果酱。该照片现收藏于莫斯科多媒体艺术博物馆

在苏联解体前不久，政府甚至对荞麦粒、盐、植物油和茶等基本生活必需品都实行定量配给。许多人试图通过购买自己不需要的物品并将其转卖来谋取利益，或者仅仅通过出售定量配给券来获取利益。苏联生活中出现的一个最大悖论是，虽然商店看起来空荡荡的，但任何东西都可以用这样或那样的方式买到。

达恰庄园

保证土豆等主食供应的唯一可靠方法就是自己种。大多数俄罗斯人，包括许多城市居民，都有自己的园地，这使他们能够熬过食物短缺的时期。这些在

非工作时间和周末耕种的私人土地，创造了一个重要的第二经济体系。而政府也越来越依赖于这个体系，因为集体农庄和国营农场从未能够满足国家对新鲜农产品的需求。土豆是最受欢迎的自产食物。虽然经过了几次皇家法令和不少骚乱，土豆才最终得到承认，但在苏联时期，土豆已经成为必不可少的园艺作物，能给人提供一种安全感：只要土豆丰收，一个家庭就不至于挨饿。大多数家庭还种植洋葱、萝卜、大葱、大蒜、黄瓜、甜菜、西红柿以及丰富的草药，尤其是莳萝。农村居民可以养一头猪、一头用于挤奶的奶牛、一些孵蛋的鸡。人们还能借前往乡间别墅——达恰——的机会去乡间采摘蘑菇和浆果，它们仍然是俄罗斯饮食的重要组成部分。

达恰这种乡村住宅——从庄园到小木屋都包括在内——在俄罗斯人的生活中有着悠久的历史。将分发土地作为沙皇恩惠的标志，这种做法可以追溯到16世纪。彼得大帝推广了这种做法并将其制度化，他开始在他的新城市圣彼得堡为宫廷宠儿建造郊区住宅。这些早期的达恰是为贵族们提供远离城市噪声和污染而修建的休闲场所，通常都相当宏伟。到了19世纪，达恰已经成为俄罗斯上流阶层和中产阶级生活中不可或缺的部分。在苏联时代，周末去达恰度假被认为是一种有益健康的活动。这些达恰通常只是未经隔热的小屋，没有管道和电力，需要不断改进。达恰庄园一直是乡村避世的乐趣之一，但随着20世纪世事推移，它们变得对生存而言至关重要。

只有少量园地位于城市范围之内，大多数都在更远的地方。从春天的种植季节开始，城市居民就在周末乘火车下乡种地。到了夏末，他们把一袋袋的农产品拖回城里，制作成几加仑[1]的泡菜和果酱，储存在公寓所有你能想到的角落里，比如沙发床下和窗台上面。"在达恰"这个短语唤起了人们对自然节奏和身为俄罗斯人之间直接联系的想象，同时展现了一个社会动荡和饥饿感仍留在记忆中的国家所需要的安全来源。俄罗斯人热爱达恰，不仅因为达恰能让他们从城市生活中得到喘息，还因为达恰能让他们自力更生。然而，维护一个庄园很难浪漫起来。前往农村地

---

1. 1加仑在美制单位中约为3.79升，在英制单位中约为4.55升。——编注

界，需要先坐几个小时的火车，再坐几个小时的公共汽车，最后还要步行一段距离。由于农村的便利设施很少，整个周末的食物都必须打包、运输。然而，面对国有农业的失败，收获自己的产品还是值得付出努力的。

大多数分配给城市家庭的园地大小为6索特卡（sotkas），约七分之一英亩[1]。那些住在农村，或在集体农庄与国营农场工作的人，则可以拥有更大的土地。工厂也得到了土地，这些土地变成了工人的园地合作社。在整个苏联时期，所有土地都归国家所有，但土地上的一切建筑——包括被人们改造为住宅的储藏室或棚屋——都属于建造它们的人，而且它们可以被出售或传给下一代。在整个20世纪70年代和80年代，私人土地上的种植占苏联农业产量的四分之一到三分之一。尽管政府从未公布官方数据，但人们相信，在苏联的最后几年里，全国高达90%的新鲜蔬菜，以及大量的肉类和奶制品，要么来自达恰庄园，要么来自分配给集体农庄和工厂工人的小块土地。在

---

1. 1英亩约为4047平方米。——编注

苏联及其中央集权的农业体系解体后的混乱中，达恰庄园和共享经济将民众从饥荒中拯救出来。达恰的大多数农产品都由家人消费或与他人分享。但在苏联刚刚解体时，农村人口又出现了新的贫困现象，老妇人坐在路边贩卖一些浆果、草药或瓶装果酱，这样的景象令人心碎，又相当普遍。

苏联厨房

在城市地区，许多家庭住在集体公寓里——以前的大公寓被许多家庭瓜分，每个家庭都有一个单独的房间，同时作为客厅、餐厅和卧室。走廊、厕所和厨房都是公用空间。为了避免冲突，各家各户在厨房的几个燃灶上错开时间做饭。出于显而易见的原因，他们把小型冰箱放在自己的房间里（那些有幸买到20世纪50年代生产的大号冰箱的人，则不得不把它们上锁并固定在公共厨房里）。公共厨房通常肮脏不堪，蟑螂横行，是一个典型的非人性化空间，颠覆了人们对厨房作为一个家庭物质和情感核心的全部认知。

对于那些有幸拥有自己的公寓以及私人空间的人

图11：帕维尔·卡辛（Pavel Kassin），《苏联早期的市政公寓》（*Municipal Apartment from a Soviet Childhood*），1983年摄于莫斯科。公共厨房可以有多个炉子和水槽，这取决于公寓入住的家庭数量，每个家庭有时会分配到特定的火炉和洗盆。当有人侵犯到另一个人的空间时，通常会发生口角。因为厨房同时兼做洗衣房，所以不可能完全保护个人隐私。照片由帕维尔·卡辛提供

来说，厨房则有着更大的意义。知识分子经常在一张铺着油布的小桌子前宴客，而这张桌子还有充当工作台的双重功能——他们会在召集谈话前小心翼翼地把电话移到另一个房间，并在上面盖上枕头以防自己的谈话内容被人窃听，或者打开水槽放水以掩盖所有说话的声音。这些谈话构成了一种厨房里的"百家争鸣"，相当于20世纪晚期的文学和知识分子沙龙。厨房里，人们在喝了一两杯伏特加后，会更加放肆地高谈阔论，大声朗读违禁的地下出版物的复写本，或者播放违禁的音乐唱片。厨房是一个可以让人们在不被

监视的情况下自由会面的地方，苏联厨房以这种方式保持了俄罗斯文化的活力。俄罗斯的餐桌不受匮乏生活的限制，桌上总是摆着丰盛的伏特加和食物。朋友们聚会的时候，十几个大人和孩子挤在只有五六平方米的地方，大人坐凳子，小孩坐在大人的腿上。聚会人群即兴享用的饭菜包括足量的黑面包、罐头鱼，以及从床底储物箱中取出的自制腌蘑菇。大家一边吃，一边进行着热烈的思想交流。不可否认，此时的他们，是一个真正的集体，充满友爱，这样的集体的存在，本身就代表了一种战胜逆境的绝对胜利。

3

好 客 和 奢 侈

Hospitality and Excess

库莱比阿卡令人胃口大开，简直是赤裸裸的引诱，让人想入非非。你眨巴着眼睛，看到居然切了这么大一块，让你忍不住用手指在上面轻轻滑过。你开始细细品尝，黄油像眼泪一样流下来，馅料丰富可口，有鸡蛋、杂碎和洋葱。

——安东·契诃夫，《塞壬》（*The Siren*）

在俄罗斯文化中，好客不会只停留在一种抽象的概念上。其物质形式表现为一个又大又圆的面包，用最好的面粉磨成，中间有一块凹陷，刚好可以放一小碟盐。这种"面包加盐"呈现出一种欢迎姿态，"热情好客"（khlebosol'stvo）一词就从这道菜的名字"khleb da sol'"得来。通过面包加盐，俄罗斯人为客人提供了最基本与最珍贵的食物（盐曾经非常昂贵），这是俄罗斯传统中近乎神圣的待客之道。

在重要的节点上，分享面包加盐显得尤其重要：比如在婚礼上，当新娘和新郎宣布从此喜结连理时，或者在乔迁喜宴上，当人们跨过新家的门槛时，以及当新沙皇加冕时。在1883年沙皇亚历山大三世的加冕典礼上，来自世界各地的代表向他赠送了面包加盐，这些面包加盐放在精心制作的贵重金属盘子里，随后这些盘子被转移到克里姆林宫军械库妥善保管。面包加盐既反映了基督教的圣礼——面包象征着基督的身体——也体现出一种民间迷信。俄罗斯人用面包加盐来驱邪，甚至到了要在饭后说出"面包加盐"这几个字的程度，以确保在场的人不会受到伤害。修道院过去常常把一大块黑麦面包作为祝福送到沙皇的餐桌上，而沙皇则按照严格的等级次序，向所有参加宴会的人分发面包。一旦享用了沙皇的面包——进而获得了上帝的祝福——以后任何反对沙皇的人都会遭到诅咒。

好客在俄罗斯人的生活中是如此重要，以至于俄语中出现了两个专门的词语，其中第二个词语是"gostepriimstvo"，意思是款待客人。客人在餐桌上总是享有尊贵的地位。在农舍里，这意味着让客人坐在"漂亮的角落"，在圣像下面，斜对着炉子。即使是最贫穷的家庭也会在朋友之外向陌生人提供食物。对于虔诚的农民来说，好客是一种简单而发自内心——甚至是虔诚——的行为。

俄罗斯人待客之道的两个基本组成部分揭示了它对农民和贵族的重要意义："dobrodushie"（热诚），它的词根是"灵魂"；"userdie"（热情），它的词源是"心"加上一个强化意义的前缀。对农民来说，热情好客自然是出于对上帝的虔诚，善待客人本身就是他们信教的目的。但对那些财力雄厚的俄罗斯人来说，过度放纵的热情往往演变成他们对奢侈食物和豪华环境的炫耀，反而背离了热情好客的初衷。

对于沙皇和大部分贵族来说，他们的慷慨表现得越戏剧化、越公开，从中获得的快乐就越大。在中世纪，沙皇为了向贵族和外国使者表示他的好感，会从自己的餐桌上给他们的住所送去一份"波达查"（podacha，由食物和酒水组成的丰厚礼物），即使他们已经共进了晚餐。俄国人这种独特的慷慨引起了法国雇佣兵雅克·玛格丽特（Jacques Margaret）的注意，他于1600年至1606年期间居住在莫斯科。他不仅被俄罗斯人亲切大方的姿态打动，也为其过度放纵的行为所震撼。玛格丽特描述了三四百人带着食物和饮料在莫斯科的街道上招摇过市的画面：他们跟在一位骑马前行的"首席绅士"后面，该绅士穿着"金布衣服、斗篷，帽子上装饰着珍珠"。六个人抬着面包，而酒水则丰盛到需要十几个人来搬运装满外国葡萄酒的大型银质器皿，同时还有四十个人在搬运各种各样的蜂蜜酒。肉类和馅饼（很容易就可以列出一百道菜）被高高举起，放在银质的大浅盘里，如果客人十分尊贵，有时也会用金子做的器皿。这样的街头戏剧表演一天可以出现好几次，并不总是受到接受者的欢迎，因为他们认为这样做太张扬、太麻烦，但根据俄罗斯的好客规则，他们必须接受沙皇赠送的礼物。至于观众，他们到场不仅仅是为了观看壮观的场面：为了表达王室的慷慨，游行队伍还免费发放蜂蜜酒和啤酒。因此，"波达查"可以说为物资匮乏的群众提供了一道具有双重意义的释放阀门：既让他们饱了眼福，又让他们喝到了美酒，从而使其不太可能有心情造反。

在回忆录和游记中，驻莫斯科的外国使节经常抱怨不得不忍受沙皇餐桌上的繁文缛节，因为他们不习惯正式的进餐仪式。俄罗斯人按顺序上菜的做法（被称为"俄式服务"［service à la russe］）与经典的法式宴会形成了鲜明对比：后者是一种精致的固定安排，旨在愉悦眼睛。法式宴会的餐桌展示了几何排列菜肴的艺术感，尽管菜肴千变万化，但其图案组合从未被打乱。这样做的视觉效果虽然令人眼花缭乱，但各式菜肴需要在室温下放置数小时进行预先展示，因此有引起食物中毒的风险。与之相比，"俄式服务"既保持了食物的热度，又给客人增添了一些惊喜。但由于菜品繁多的盛宴可能会拖上好几个小时才结束，而客人永远不知道主人到底安排了多少道美食，这种不确定性令一些外国使节感到不安。1664 年 2 月 19 日，卡莱尔伯爵作为国王查理二世的使者来到莫斯科公国。沙皇阿列克谢·米哈伊洛维奇（Alexei Mikhailovich）为他举行欢迎宴会，从下午两点一直持续到晚上十一点。卡莱尔伯爵的秘书留下了一份生动的描述：

最后，戴着大帽子的侍者们走了进来，把第一份肉食端到沙皇的餐桌上，随后为波雅尔[1]服务，接着是我的大使大人和他的随从。我们的第一道菜是鱼子酱，我们把它当沙拉吃；然后又喝了一种很甜的肉汤，吃了几种烤、炸和煮制的鱼，但没有食用其他肉类，因为今天是四旬期。然而，这并不妨碍我们有将近500个盘子，它们都装饰得非常漂亮，只是盘子颜色太暗，看起来质地更像铅而不是银。桌上已经摆满了各种菜肴，但他们好像觉得我们桌上只有一道菜似的，还不断地把新的品种端上来。（但由于我们的餐巾用完了，所有人的面前又都摆满了盘子，想放也放不下了……）除此之外，我们桌上还有美味的西班牙葡萄酒、白蜂蜜酒和红蜂蜜酒，以及"奎斯"（格瓦斯）和各种烈酒——这是他们用香甜配料调和之后的产物。这时，甜点上来了，沙皇又请大使坐回他的位置。他们首先带进来的是一些人造小树，上面有许多糖果制成的树枝，枝端进行了装饰，目的是炫耀；其余的不过是一些油炸馅饼、薄饼和诸如裹上食品糊

---

1. 盛行于封建时代保加利亚帝国、莫斯科大公国、基辅罗斯、瓦拉几亚和摩尔达维亚的一种仅次于大公的贵族头衔，拥有世袭领地与附庸。——编注

的查佛蛋糕（trifle）一样的食物，都是按传统方式制作的。

奢靡的幻觉效果

客人的注意力主要集中在餐桌服务方面，他们对包括助兴音乐在内的任何其他娱乐形式都不太在意，因为俄罗斯精英的用餐本身就是一场表演。俄罗斯当然有用来招待客人的侏儒和小丑（彼得大帝特别喜欢他们的滑稽动作，他用裸体的侏儒代替"烤"成馅饼的黑鸟），但俄罗斯贵族并没有发展出像西欧那样的习俗，在进餐时用华丽的表演艺术来助兴。此外，由于俄罗斯士绅习惯了手下众多农奴的照顾，所以，为了驱散无聊，他们有充足的时间来构想一场盛大的创意晚宴。米哈伊尔·皮里耶夫（Mikhail Pyliaev）在他的研究《以前的生活方式》（*Staroe zhit'yo*, 1892）中，记录了莫斯科一些最好客、最离经叛道的主人所组织的晚宴——他们经常依靠制造幻觉来获得最佳效果。在一次令人难忘的用餐中，亚历山大·谢尔盖维奇·斯特罗加诺夫伯爵（Count Alexander Sergeevich

Stroganov）把他的餐厅装饰成古罗马时代的样子。他在餐厅的躺椅周围摆放了天鹅绒的枕头和床垫，而他的客人——都是男性——可以像风流的古人一样斜倚着用餐。每位客人都由一个优雅的男孩招待，端上一道又一道精美的俄罗斯菜肴。开胃菜包括鱼子酱、萝卜、李子和进口石榴；最奢侈的是鲟鱼鳃，做这一道菜需要一千多条鲟鱼。第二道菜包括鲑鱼唇、煮熊掌和烤猞猁。再加上用蜂蜜和黄油烤的布谷鸟、塞满坚果和新鲜无花果的野禽、鳕鱼精、多宝鱼肝、牡蛎、盐津桃以及腌制的温室菠萝，让这次用餐变得无比完美。每当他的客人吃饱了，斯特罗加诺夫就像以前的罗马主人一样，鼓励他们用羽毛挠挠喉咙，把吃过的东西吐出来，这样就可以继续享用其他美味佳肴了。用膳之后，就餐者们在班雅浴室里蒸桑拿，一边以俄罗斯的方式饮酒，一边吃着咸味的压榨鱼子酱，据说这有助于激发口渴。

皮里耶夫进一步讲述了著名的怪人普罗科菲·德米多夫（Prokofy Demidov）恶作剧般的好客之道：他在自己宏伟的庄园里种植了两千多种珍稀植物。德米多夫允许他的晚宴客人在庄园中自由漫步。但在一次晚宴上，由于赴宴的一些女客人摘了太多的水果和鲜花，他决定把庄园的雕像换成裸体农民的形象。从此偷窃现象销声匿迹。在另一次聚餐前夕，他让油漆工粉刷了除了餐厅以外的每个房间，并在每扇门前放置了脚手架。当客人们穿着最漂亮的衣服来到这里时，德米多夫对自己放置的脚手架表示歉意，脚手架的存在迫使客人们只能绕着碍事的障碍物歪歪扭扭地行走，直到最终抵达餐厅——在那里，门已敞开，他们可以享用一顿丰盛的晚餐。对喜剧的偏爱在贵族们所策划的晚会中显而易见：这些贵族多少喜欢搞怪，他们试图通过某些意想不到的方式来逗乐他们的客人，从而抵消因距离和天气带来的经常性的孤独情绪。同时，他们也喜欢相互攀比，竞相展示自己的暴戾粗鲁和放浪形骸。据皮里耶夫说，著名美食家尼基塔·弗塞沃洛日斯基（Nikita Vsevolozhsky）会邀请120位客人来参加他的节日大餐。他曾在12月给客人提供新鲜的温室草莓，以及从遥远的乌拉尔运来圣彼得堡的速冻鱼，其中一条鱼大到需要48个厨房农奴抬着才可绕餐桌做完一圈展示，然后再抬回厨房进行分割处理。

这样的挥霍行为在贵族中并不罕见，许多宽幅绘画或卢布克版画（lubki，17至19世纪在俄罗斯流行的一种民间艺术形式）都能反映这种奢侈现象。卢布克最初用雕刻的木头印刷，然后用蛋彩颜料手工着色。随着印刷技术的进步，木版的卢布克逐渐被彩色雕刻取代，到19世纪后期，它们通过彩色平版印刷技术而得以大量生产。卢布克涉及许多主题，从具有启迪性的宗教主题和民间神话，到政治和社会问题，都能在木版画中得到反映。木版画几乎在所有情况下都配有文本，通常以诗歌的形式出现。

一幅广为流传的卢布克版画，《虔诚者和亵渎者的盛宴》(*The Feast of the Pious and the Profane*)，可以追溯到17世纪末或18世纪初。其剖面图描绘了两群人在具有莫斯科风格的房间里举办宴会。异教徒和基督徒的肖像混杂在一起。一个拟人化的太阳从左上角俯瞰众生，基督的形象则出现在右上角的一个椭圆形装饰中。在插图的上方中央，虔诚的食客在守护天使主持的餐桌前用餐，在靠近天堂的地方享受美食，靠近基督的形象。天使拿着一根长矛，矛尖在桌子下清晰可见，旁边还躺着一个被杀死的恶魔。虔诚

The Kingdom of Rye

黑 麦 王 国

图12：卢布克版画《虔诚者和亵渎者的盛宴》，创作于17世纪末或18世纪初。维基共享资源

的食客们仍然专注于他们的饭菜，他们伸手去拿普通的面包，也许还有出现在备用餐桌上的几个盘子中的鱼。值得注意的是，这里没有出现餐具，其寓指我们的手是上帝赐予的饮食工具，它让我们与食物来源保持联系。桌子上也没有任何饮酒的迹象。这幅卢布克版画是基于圣约翰·克里斯托姆（Saint John Chrysostom）的布道，他把奢侈的食物等同于卖淫和懒惰；它也呼应了16世纪俄罗斯家庭手册《治家格言》（*Domostroi*）中列出的道德生活规则，提醒人们在餐桌上要端正自己的态度。

就在虔诚的食客下方，在一张更奢华的桌子上，一群不虔诚的食客正在与恶魔为伴。卢布克版画上的文字将这群人描述为忘恩负义、游手好闲的亵渎者和满嘴脏话的骗子。他们的餐桌上摆放着各种各样的餐

具，包括叉子。早期教会把叉子与魔鬼联系在一起，因为叉子上的尖被视为魔鬼头上的角的象征。饕餮者被带翅膀的恶魔包围着，其中一只还在桌子上的碗里排便。恶魔们拿着看起来像钩子的手杖，象征着他们具有诱惑人类的能力。诱惑在这里以坐在桌旁的女人形象出现，也体现为右下角的吟游诗人，他们演奏鲁特琴（Lute）和风笛，分散了人们对本该是神圣一餐的注意力。桌上的玻璃瓶表示他们喝过烈酒。我们可以看到守护天使逃离了这场盛宴，因为这里的行为让他心烦意乱。

然而，对于俄罗斯贵族来说，这种卢布克版画所提倡的饮食节俭方式几乎没有任何吸引力。从18世纪末开始，在莫斯科和圣彼得堡，上流社会中出现了一种被称为"开放餐桌"的时尚，即欢迎任何阶层相当的人士不请自来参加晚餐，无论主人是否认识他们。由于有大批农奴随时待命，富有的俄罗斯贵族可以轻而易举地提供丰盛的餐饮：要做到这一点，唯一的先决条件是时间和金钱，而这两样他们都挥霍不完。当然，偶尔会有传统主义者发出抗议的声音。米哈伊尔·谢尔巴托夫王子（Prince Mikhail

Shcherbatov）是俄罗斯保守主义的早期支持者，他在1787年的专著《论俄罗斯道德的堕落》（*On the Corruption of Morals in Russia*）中谴责人们对欢宴的关注，并为就餐失去了神圣性而感到遗憾。在他看来，"开放餐桌"是俄罗斯道德堕落的证据，而外国食材的引入使这一点变得更加明显：

> 这些食物不遵照只使用家庭用品的传统做法，也就是说，现在他们试图用外国调料来改善鱼和肉的味道。当然，在一个一直把好客当作一种特色美德的国家，这种"开放餐桌"的习俗不难演变成一种习惯；它将食物改良前后的口味对照与社会的特殊趣味结合起来，使其本身成为一种乐趣。（英文版译自 A. 朗坦 [A. Lentin]）

最让谢尔巴托夫担心的是，人们认为餐饮本身就是一种乐趣，其中根本不涉及任何道德义务。

好客的主人

　　东道主要承担相当大的道义责任。在俄语中，单词"客人"（gost'）和"主人"（gospodin）有相同的词根。主人欢迎客人并善待他们，就是在向上帝致敬。民间信仰认为，既然人们知道主耶稣在地球上游荡，那么任何路人都可能是他，而那些善待陌生人的人将得到回报。这一信念从过路的陌生人扩展到被邀请的客人，于是在俄语中出现了一条谚语："进门的客人会给全家带来幸福。"通过欢迎外来者，俄罗斯人使"别人"变成熟人，成为自己的兄弟姐妹。反过来，客人有义务接受主人提供的食物和饮料。拒绝不仅会冒犯主人，而且可能会给客人带来灾难。如此一来，道德义务得到履行，这至少在一定程度上，是出于对既反映迷信又反映宗教虔诚的后果的畏惧。

　　在规定如何过道德生活时，《治家格言》用宗教术语有力地陈述了好客的规则。其中一章的标题是"你和你的仆人在招待客人时应该如何向上帝表达感激之情"，并解释说"当在场的人怀着感激之情，默默无语或虔诚地交谈时，天使会隐形站在旁边，记下食客的善行，他们的食物和饮料会呈现甜味，但在场的人若表现出对神明的亵渎，食物在他们口中必将变作粪土"。（英文版译自卡罗琳·约翰斯顿·庞西［Carolyn Johnston Pouncy］）

其他章节建议"男人如何为自己和客人储存酒水，如何将这种酒水呈递给同伴"，"妻子必须每天询问丈夫并征求他的意见"，以及"女人在拜访时应该怎么做，她应该和客人说什么"。在后一个标题下，我们（不出意料地）发现如下指示："你的妻子在作为客人或自己有客人的情况下，不应该喝醉。"该书对礼节的恪守及其评判语气，与俄罗斯人经常参与的饮食狂欢以及富裕家庭中的殷勤款待形成了鲜明对比。

事实上，俄罗斯人的热情好客常常让来到莫斯科公国的外国游客感到震惊，尤其是他们在上层家庭中遇到的17世纪接吻仪式。这些家庭中的妇女远离公众的视线，被关在房子里一个名为"泰赖姆"（terem）的单独侧翼里，每当有尊贵的客人造访时，她们就会被命令出现。接吻仪式通常（但并非总是）在用餐过程中进行。主人的妻子（通常还有他已出嫁的女儿和仆人）被带出来迎接客人，以示主人最热情的款待。然后，女人递给客人一杯伏特加、蜂蜜酒或啤酒，并允许对方吻自己的嘴唇。1643年，来自荷尔斯泰因的外交官亚当·奥利留斯在莫斯科拜访列夫·亚历山德罗维奇·什利亚霍夫斯基伯爵（Count Lev Alexandrovich Shliakhovsky）时，就经历了这样的仪式：

在一顿丰盛的晚餐之后，（伯爵）把我从其他客人面前叫走，离开餐桌，领我进另一个房间。他对我说，在俄罗斯，任何人能够得到的最大荣誉和恩惠就是女主人出来向客人表示的敬意，就像向主人表示敬意一样。然后他的妻子走了出来。她的脸蛋非常漂亮，但涂满脂粉，并且穿着结婚礼服。陪同她的是一名女仆，手里拿着一瓶伏特加和一个杯子。她进门时先向自己的丈夫低了一下头，然后向我低头致敬。接着她让女仆倒了一杯伏特加，自己先喝了一小口，然后递给我喝，这个过程重复了三次。接下来伯爵邀请我吻她。由于我不习惯享受这样的殊荣，只吻了一下她的手，但伯爵坚持要我吻她的嘴。于是，出于对更高级别人士的尊重，我不得不让自己适应他们的习俗，接受这一荣誉。(《十七世纪奥利留斯的俄罗斯游记》，英文版译自塞缪尔·H. 巴伦［Samuel H. Baron］)

这种做法随着彼得大帝的改革和紧随其后的妇女解放运动而消失了。值得注意的是，在18世纪晚期开始出现的烹饪书中，虽然对餐桌布置、储藏室存放以及仆人培训都有介绍，却找不到任何关于接待客人的具体说明。然而，它们传达的是一种坚定的信念，即招待客人要豪爽大方，甚至不计成本，即使这意味着主人自己家饮食开销的缩水，正如埃琳娜·莫洛霍韦茨在她的权威烹饪书《给年轻主妇的礼物》中所建议的那样。

由于要养活十个孩子，莫洛霍韦茨不得不考虑家庭经济和工作效率。她的书对家庭生活和婚姻和谐进行了广泛评论，非常受读者欢迎，在革命前就已经发行了29版。这本书后来因太过小资而被禁，但它以传说的形式流传开来。一个储备充足的食品储藏室在苏联时代成了一个流行笑话，据说是因为莫洛霍韦茨在书中说了一句话："如果不速之客来了，就到食品储藏室拿一只冻小牛腿来。"（其他版本只是把小牛腿替换成了榛子鸡、火腿或羊腿。）人们会先背诵这一句话，然后大笑不止，因为手头有这种食物简直不可想象，更不用说有一个储存食物的私人地窖了。《给年轻主妇的礼物》在近70年后重新出现，是有关苏联后期生活剧烈变动的一个风向标。在20世纪80年代后期的经济改革中，莫洛霍韦茨的各种烹饪书开始流行，其中，她1901年出版的那本食谱在1991年居然被完整再版，而且就发生在苏联解体前的几个月里。

餐桌美学

法国作家泰奥菲尔·戈蒂耶（Théophile Gautier）在19世纪60年代末访问圣彼得堡后，在《俄罗斯之旅》（*Voyage en Russie*）中描述了他如何受到主人的接待："在餐桌上，一个穿着黑色衣服、戴着白色领带和白色手套的仆人，穿得仿若英国外交官，站在你身后，沉着严肃，随时准备满足你最细微的愿望。"

有了自己的私人仆从，就有了不同于欧洲传统的用餐美学。俄国的餐桌上摆放着水晶、银器和瓷器，闪闪发光，但几乎没有食物。高度建筑化的花卉展示，以及用昂贵水果（如橙子、菠萝和葡萄）摆出的金字塔造型，充分体现了他们夸张的视觉艺术。餐桌中央的典型摆饰大抵包括一个托盘或家用大盘子，即银质或陶瓷做的托盘，上面一般会放置蜡烛以突出光泽。餐桌上铺着白色的台布，盘子上笔直地放着洗得干干净净的上浆餐巾。水晶高脚杯因映射烛光而闪闪发亮：由于彼得大帝对欧洲习俗的热爱，那些银制或铜制的饮酒器皿（碗、伏特加杯、高脚杯和烧杯），虽然工艺精美，并且在俄罗斯已经有几百年的历史，但逐渐被玻璃高脚杯和喝烈酒的玻璃小杯取代。

圣彼得堡保守派报纸《北方蜜蜂》（*The Northern Bee*）的发行人法戴·布尔加林（Faddei Bulgarin）在一篇名为《晚餐》（*Dinner*）的文章中描述了19世纪中叶俄罗斯贵族的餐桌美学，文中解释了餐桌应该如何摆放、主人应该和谁一起就餐，以及就餐时应该吃什么。他坚持在房间中使用蜂蜡蜡烛照明，以营造氛围，让人想起"蜂蜜、甜蜜和芳香，以及草地和花坛中的蜜蜂"。戈蒂耶还注意到俄罗斯人对鲜花和花香的痴迷，他抱怨说俄罗斯人"生活在那里就像生活在温室里，事实上每个俄罗斯人的房子都是温室。在房子外面，你仿佛到了北极；一旦进入房内，你又好像到了热带"。事实上，在餐厅摆放棕榈叶的潮流是在沙皇亚历山大二世时期引入俄国的，很快就在圣彼得堡的贵族群体中流行起来。在"丛林"中用膳被认为是一种时髦做法，尽管只有真正的富人才负担得起这样奢侈的"热带习俗"。

俄罗斯人对花卉的喜爱进一步延伸到他们所用的餐具上面。自18世纪早期以来，来自萨克森的梅森瓷器（Meissen）以及来自法国的塞弗尔瓷器（Sèvres）在俄罗斯一直备受青睐。为了能在国内生产优质瓷器，伊丽莎白一世于1744年建立了皇家瓷器厂（Imperial Porcelain Factory）；其他工厂紧随其后，最著名的是1766年由英国人弗朗西斯·加德纳（Francis Gardner）建立的加德纳工厂（Gardner Factory），以及1806年建立的波波夫工厂（Popov Factory）。这些俄罗斯瓷厂最初模仿欧洲的设计，但很快就发展出了自己的风格。从叶卡捷琳娜大帝时期到1855年尼古拉一世统治结束，除了广受赞誉的官方国宴服务之外，皇家瓷器厂还为皇室宫廷生产日常器皿。其中一款设计名为"德国花卉"（Deutsche Blumen），以白色地面上的一簇簇鲜花为特色，还在器皿的边缘饰以小枝作为图案。事实证明它非常受欢迎，以至于到了19世纪50年代，自然主义的花卉图案甚至在中产阶级里也广为流传。

富有的俄罗斯人努力为他们的客人营造一种魔法的氛围。俄罗斯美学通常包括使用"错视画"（Trompe l'oeil）的技巧。冬天的一个晚上，著名交际花齐娜达·尤苏波娃公主（Princess Zinaida Yusupova）用镜面玻璃把整个餐桌覆盖起来。这些玻璃又把开满鲜花的橘子树的树干包裹起来，给人一种橘子树直接长在桌子上的错觉——尽管当时外面还下着漫天大雪。俄罗斯皇室生活本身越来越依赖代价昂贵的错觉手段。贵族们斥巨资建造温室，以便供应反季水果，特别是菠萝，它已经成为颓废生活的一种象征，甚至出现在伊戈尔·塞维里亚宁（Igor Severianin）1915年的著名诗集《香槟中的菠萝》（*Ananasy v shampanskom*）中。说到香槟，世界上最伟大的葡萄酒之一——来自法国路易·罗德尔（Louis Roederer）家族的"水晶香槟"（Cristal），就是在1876年专为沙皇亚历山大二世酿造的。沙皇委托罗德尔尽可能制造出世界上最精致的香槟，并进一步指示将其装在铅水晶中，而不是通常的深色玻璃里，这样他就可以看到香槟里是否掺入了毒药。亚历山大二世有妄想症，他担心炸弹会藏在杯底，于是要求罗德尔把瓶子的底部弄平，因为传统杯子的底部有一个凹槽，目的是让玻璃能更好地承受香槟酒碳酸化所产生的压力。但他对香槟酒采取的所有预防措施最终都化为泡影——1881年，一颗裹在餐巾里的炸弹让他一命呜呼。

俄式服务

在过去，俄罗斯贵族举办的宴会可能持续好几个小时，包含各种各样的美味佳肴，这也是欧洲其他地区的做法。在中世纪的法国宴会上，冷盘摆在桌子上，而热食（通常到就餐时已经微温了）则在上菜的时候才从厨房里端上来，排列在桌子中央的大盘子上，供所有用餐者分享。然而在17世纪的法国，一种新的服务方式——法式服务（service à la française）——变得流行起来。当客人进入宴会厅时，餐桌上的菜肴已经摆放整齐，无论排列方式还是品种类型都符合正规的礼仪要求，客人们只能自己动手吃离得近的食物。每道菜通常要用几十个碟子，当一道菜被移走时，另一道菜会立即取代它的位置，以免破坏餐桌的艺术设计。

与之形成鲜明对照的是，在参加具有俄罗斯风格的宴会时，用餐者只能坐在空荡荡的桌子旁边。在中世纪，俄罗斯的餐桌上只有盐、胡椒粉和醋，但到了19世纪，高大的枝状烛台和华丽的鲜花布置使餐桌充满了节日气氛。食物是按顺序供应的，不是一次性上齐，而且这种服务经常变成一种表演：仆人们会先围着餐桌炫耀一块巨型烤肉或一条巨大的鲟鱼，然后再把它送到餐边柜或厨房进行分切。每个用餐者都有仆人单独为其服务，这样就需要大量的服务人员——在1861年农奴解放之前，上层阶级可以尽情享受这种奢侈的做法。除了需要大量人手，俄式服务还需要大量的餐具。外国客人由于习惯了法式大餐的可预见性和自给自足，会发现俄罗斯的宴饮令人困惑，因为他们事先不知道会出现多少食物。如果说法式风格方便客人不疾不徐地就餐，那么俄式风格则让人在进食时感受到主人的热情似火。

在彼得大帝的统治下，俄罗斯的餐桌服务开始朝着今天西方社会所熟悉的四道菜的顺序演变：扎库斯卡（开胃菜）、汤、主菜和甜点。尽管彼得下令对餐桌进行了许多改革，比如允许男女一起用餐，引入新品种的食物……但俄罗斯人独特的依次上菜的做法，却在改革中得以幸存——这是他们坚持传统的一个突出例子。事实上，改革朝着另一个方向前进。在不到一百年的时间里，俄式服务就席卷西欧，尽管法国名厨玛丽–安托万·卡里姆（Marie-Antoine Carême）表示抗议，认为它很粗俗。"难道有什么能比看到一桌丰盛的法式大餐更令人难忘的吗?"他这样质问读者。在英国，正是查尔斯·狄更斯将具有俄罗斯风格的餐饮服务引入了伦敦。到了19世纪中叶，纽约上流社会开始邀请客人享用俄式大餐。俄式大餐最终成为餐饮界的时尚标准，而今天美国的标准用餐顺序（开胃菜、汤或沙拉、主菜、甜点），可能也是借鉴了俄罗斯的这种用餐实践。

但这种用餐模式也发生了一些变化。1856年，在《莫斯科人》（The Muscovite）杂志上刊登的一篇文章对俄罗斯用餐的传统顺序进行讨论，区分了"寒冷"的圣彼得堡风格和作者钟爱的"慷慨"的莫斯科风格，认为前者带有法式风情，而后者总是"简单而丰盛，就像俄罗斯人的好客一样"。当然，莫斯科风格的"简单"也只是相对而言：首先是一道丰盛的开胃菜（扎库斯卡），由调过味的伏特加酒和一些辛辣的小菜组成，最好是在一个单独的房间进食。正餐在餐厅里，以汤开始，还包含了各种馅饼，如库莱比阿卡（鱼肉）和"瓦特鲁斯基"（vatrushki，农家奶酪），要么与汤一起提供，要么在汤后立即食用，然后是两到三个冷菜，例如煮火腿或肉冻串。冷菜过后，依次上桌的是两种所谓的"酱食"——加了各种调料的热菜，如蘑菇鸭、蒜羊肉或炖鸡。第四道菜是烤肉，包括火鸡肉、鸭肉、鹅肉、猪肉，以及各种野禽肉或鲟鱼肉。为了让口味清淡一点，他们用泡菜或者盐渍（mochonye）柠檬和苹果取代沙拉。在整个用餐过程中，除了装饰或甜点展示之外，桌子中央一直是空的，因为每道菜都是单独装盘从厨房端来的。正餐以两道甜点（pirozhnye）结束，一道是"湿式"，另一道是"干式"。像奶油和慕斯这样的湿式甜点是用勺子舀着吃的，而像糕点这样的干式甜点，则可以用手随意抓着吃。各式各样的格瓦斯、啤酒和葡萄酒对这一餐进行了补充。这顿饭的真正收尾，是被正式命名为法语"甜品"（desert）的一道菜，包括糖果、水果以及各种自制的利口酒、甜酒（cordial）、拉塔菲亚酒和潘趣酒。按照皇家宫廷的惯例，19世纪中叶的贵族印制了设计精美的菜单卡片，置于房间各处，以彰显晚餐的隆重。

《莫斯科人》杂志上这篇文章的作者（仅被称为I.G.）对过去的传奇晚餐充满了怀旧之情。像其他编年史作者一样，他强调最好的主人会为取悦客人而试图制造惊喜。一顿尤为夸张的大餐，会始于一份用梅花鲈熬制并加了鳕鱼精的浓汤，丝滑如油、入口即化的库莱比阿卡鱼肉馅饼紧随其后，接着是一只松露火鸡，其浓郁的香味足以唤醒昏迷者，然后是一条黎塞留鲟鱼，它的酱汁略带甜味，正好可以调和刺山柑和橄榄的味道。接下来的"酱食"包括煎得很嫩的童子鸡，配有香草和扇贝。此外还有很大的芦笋尖，六个就有一磅重。在吃烤野鸡之前，一份简单的沙拉就能洗净味觉。正当I.G.奇怪甜点怎么可能撑起这顿丰盛大餐的剩余部分之时，仆人从厨房得意扬扬地端上来一只大火腿——这对于一个刚吃完烤野鸡的人来说根本无法下咽。但它恰恰说明，在这场盛宴上，食物本身——而非环境——会让人产生幻觉，而这正是展现烹饪错视的一个绝妙例子。正如I.G.所叙述的那样：

想象一下我心里的惊讶：当呈上这块火腿时，我才看清它根本就不是火腿，也不是咸猪肉，而是一种糕点，一种最上乘的糕点。你看，它究竟是什么？——它就是一个火腿，一个火腿海绵蛋糕。厨师用了三层粉红色的海绵蛋糕，把它们切成火腿的形状，堆叠起来，然后涂上基辅风味的草莓酱，再铺上橙花水味的牛奶冻，让它看起来就像火腿上的脂肪，从而巧妙地骗过人们的眼睛。最后，为了制作火腿皮，厨师在牛奶冻上撒了一层糖和巧克力。所有这一切构成了一道如此美味的菜肴，就连卢库勒斯

（Lucullus）[1]本人用餐过后都无法拒绝它。

　　尽管19世纪的美食已经如此奢华，但即使其中最西化的菜单也经常以标志性的俄罗斯菜肴为噱头，如卡沙粥、鲟鱼、"懒人"卷心菜汤、库莱比阿卡鱼肉馅饼以及其他美味的馅饼。虽然香槟和进口葡萄酒在精致的餐点中随处可见，但自制的泡沫丰富的格瓦斯"可硕耶什池"也让餐桌增色不少，其酸味能缓和许多法式菜肴的强烈味道。关于俄罗斯命运的社会辩论在传统的斯拉夫派和更进步的西化派之间激烈展开，但对传统食物的渴望不是民族主义的问题，更不是怀旧的问题，因为最朴实的浓烈风味从未从俄罗斯人的餐桌上消失过。这些只是所有俄罗斯人都渴望的味道。就像俄罗斯农民离不开乳酸发酵的黑麦面包一样，俄罗斯精英们也离不开散发着森林和田野气息的野生蘑菇、暗含着夏日甜蜜滋味的腌制浆果，以及带

---

1. 罗马共和国末期将军、执政官，参与并赢得过多场战役，曾斥巨资投资私人产业、发展罗马文化艺术等。卢库勒斯热爱美食，经常举办豪华宴席，西欧部分地区至今仍将这类盛大奢华的宴席称作"卢库勒斯式宴席"。——编注

有海洋矿物味道的鲱鱼。即使那些习惯法式食物的俄罗斯人，也从未对这些标准口味失去兴趣。

茶歇时间

如果说在传统的面包加盐之外，还有一个足以代表俄罗斯人好客的象征，那就非萨莫瓦罐莫属了。在字典中，萨莫瓦罐被简单地定义为一种泡茶用的瓮，但它其实是一件非同寻常的物品——装饰着圆形浮雕，在蜡烛或灯光的照耀下闪闪发亮，烟雾从烟囱里袅袅升起，瓮里的水在沸腾时发出嘶嘶的响声。萨莫瓦罐经常作为独立的主题，出现在俄罗斯最伟大的作家和诗人的作品当中，具有提升情绪和缓解绝望的作用。喝茶的习俗比赠送面包加盐的习俗要晚得多，直到19世纪才成为俄罗斯民族身份的标志；然而，喝茶刚一流行起来，"茶与糖"（chai da sakhar）这个短语就成了俄罗斯人好客的另一种表达方式。

茶叶最初是通过西伯利亚从中国传入俄罗斯的。早在1567年，伊凡四世的使者就曾提及这种奇怪的饮料，但茶直到1638年才进入皇家宫廷。1689年，

The Kingdom of Rye

黑麦王国

图13：摄影师不详，《在达恰的门廊里》(On the Porch at the Dacha)，摄于1910年。这张照片生动地反映了达恰庄园给人们带来的快乐和轻松。照片反映的是复活节，从画面里可以清楚地看到中间盘子上放着特别甜的复活节面包（kulich），它高耸的顶部已经被切掉，放在一边。一个萨莫瓦罐显眼地立在桌子上，尽管酒精饮料可能是让这些男人表情快乐的原因。该照片现收藏于莫斯科多媒体艺术博物馆

随着《尼布楚条约》的签署，中俄之间建立起经常性的贸易往来。最初，俄罗斯人喝茶，就像他们曾经喝伏特加一样，是出于医疗目的，因为他们发现茶叶中的咖啡因含量很高，而这有助于抵御饮酒过多所带来的不利影响。但与渗透到社会各阶层的伏特加不同，茶叶在几个世纪里一直是奢侈品，这在很大程度上是因为它高昂的进口费用。从中国陆路出发，早期的骆驼商队需要18个月才能到达莫斯科。最早的茶叶是先压制成茶砖，再进行运输的，但商队的领头人喜欢尽量把松散的茶叶装进袋子里面，从而减轻骆驼的沉

重负担。这些袋子里的散装茶叶吸收了他们在路上点燃的夜间篝火的烟气，变成了今天的俄罗斯商队茶（Russian Caravan）。后来，在19世纪初西伯利亚公路的大部分路段建成之后，人们就用马拉着雪橇运送一捆捆的茶叶。这些茶叶被装在特殊的芦苇篮子里，里面铺着纸张；或者，对于最优质的茶叶，人们会用铅箔加以包装，这样可以阻挡烟雾，但也增添了一些当时人们尚未认识的毒性。接下来，这些茶叶被牢牢地裹进皮革里。这种茶叶运输大多发生在冬季，一方面是因为雪橇可以在冰上快速行驶，另一方面避免了茶叶受到高温的有害影响。

俄罗斯渴望发展国内的茶产业，却花了几个世纪才实现心愿。大约在拿破仑战争时期，第一批茶树种植在克里米亚半岛最南端的尼基茨基植物园（Nikitsky Botanical Garden），离雅尔塔不远。但是直到1833年，人们才开始尝试商业化种植茶树，其中有几十种茶树是从中国走私进来的。这些茶树在该地区的碱性土壤和干燥气候中枯萎了，因此人们又在黑海海岸的苏呼米（Sukhumi）附近建立了一些种植园。这些种植标志着俄罗斯国内茶叶生产的坎坷开端。在爆发革命之后，俄罗斯国内的茶叶生产才开始有了自己的发展。茶树种植园遍布格鲁吉亚、阿塞拜疆和俄罗斯南部的克拉斯诺达尔（Krasnodar）地区，但国内产量无法满足市场需求，需从中国大量进口。

到19世纪初，莫斯科贵族和富商对茶叶的迷恋已经达到了近乎疯狂的程度。他们将珍贵的散茶储存在精美的盒子里上好锁。使用时，茶叶会被放在由最好的瓷器制造商制作的精美茶具里。到19世纪中叶，饮茶的习惯已经得到推广，不太富裕的阶层也有机会享用，对他们来说，拥有一个萨莫瓦罐就代表着一种荣耀。1839年，法国贵族阿斯托尔夫·德·库斯廷侯爵（Marquis Astolphe de Custine）在访问俄国时，对俄罗斯农民、他们的习俗以及他们的房屋做出了相当不屑的评论。不过，他倒是真心喜欢俄罗斯农民泡的茶：

> 桌子上放着一只亮闪闪的黄铜做的萨莫瓦罐和一只茶壶。这种茶总是质量上乘，经过精心制作，如果你不想喝纯茶，优质牛奶也随处可见。一间布置得像谷仓一样的小屋提供了这种优雅饮品——我这样说

纯粹是出于礼貌——它让我想起了西班牙人的（热）巧克力。（德·库斯廷侯爵，《1839年的俄罗斯》[*La Russie en 1839*]）

也许是因为茶叶消费的巨大增长，一些禁酒协会和宗教人物，如受人尊敬的修道院牧师塞拉菲姆·萨洛夫斯基（Serafim Sarovsky，后来被封为圣徒）开始谴责茶叶是一种危险的，甚至如同恶魔般的东西，有使国家濒临破产的危险。对茶的诅咒不仅是针对它对健康、道德和经济的有害影响，其中还表现出对中国人的排外情绪，因为人们普遍担心中国会扩张到俄罗斯的远东地区。（事实上，在19世纪，真实的情况恰好相反。俄国向东扩张得越来越远，他们通过1860年的《北京条约》侵占了中国黑龙江和乌苏里江流域的土地。）

尽管如此，茶叶还是获得了蓬勃发展，喝茶的时尚和热情推动了萨莫瓦罐行业的兴起。该行业集中在莫斯科以南的城市图拉（Tula），那里已经是武器制造和冶金中心。第一个茶炊作坊开办于1778年，到1850年，这座城市有28家茶炊工厂，每年生产超过

10万个萨莫瓦罐。

萨莫瓦罐的来源很模糊，目前还不清楚它到底是从东方还是西方传到俄罗斯的。其原型可能是蒙古火锅或精致的荷兰瓮，瓮上装有水龙头而不是壶嘴。它的前身也可能是拜占庭瓮，或者欧洲用来冷却酒的喷嘴式饮水器。不管它的起源如何，毋庸置疑的是，俄罗斯人把外国容器改造成了一种实用器皿，不仅带上了自己的特色，而且成了俄罗斯人的象征。俄罗斯人制作的最古老的萨莫瓦罐类似于便携式水壶，那种水壶在很久以前就被用来分配斯必腾（加香料的蜂蜜热饮）。这些早期的萨莫瓦罐有长而弯曲的壶嘴，而不是后来成为标准配置的带角的龙头。

人们制作的萨莫瓦罐可以派上各种各样的用途：有一小部分甚至内置了用来煮咖啡的过滤器，尽管这种风格今天只出现在俄罗斯北部的一些偏远地区，那里的咖啡是通过西伯利亚的河流网络传过去的。萨莫瓦罐的尺寸大小不等，大到在公共场合使用的16加仑的瓮具，小到被戏称为"萨莫瓦罐主义者"或"单身汉乐趣"的微型个体用品，可谓琳琅满目、应有尽有。特殊的旅行套装在有闲阶层中很流行，他们去野餐和旅行的时候就带着这样的萨莫瓦罐，同时带着一些精致的篮子，里面装有茶壶、玻璃杯（或茶杯）和茶托、勺子、茶叶罐、火柴，以及装牛奶、糖和果酱的容器，有时还有一壶白兰地或朗姆酒——当然，还有一排仆人来搬运这些东西。

萨莫瓦罐的主体是一个中心圆筒，里面装满了燃料——木炭、火种、松果或从砖砌炉灶中取出的热煤。水被倒入圆筒周围的容器之中，并迅速升温。如果说萨莫瓦罐有一个设计缺陷，那就是在燃烧时，燃料会产生烟雾。在室外，这倒不是一个问题，但在室内，除非萨莫瓦罐配有金属排气管，否则烟雾会悬浮在空气里。富裕的家庭把这根排气管连接到炉子上，炉子把烟送入烟道，然后从屋顶排出去。负担得起这种改良费用的农民，住在所谓的"白色"农舍里，比那些住在煤烟弥漫的"黑色"农舍里的农民要健康得多——不幸的是，大多数农民都住在"黑色"农舍里。即便如此，萨莫瓦罐仍是一件十分尊贵的物品，哪怕空气中烟雾弥漫，人们依旧在继续使用它。

茶叶本身会被放在一个小茶壶里冲泡成味道浓郁的浓缩茶"扎瓦尔卡"，而这个小茶壶就置于茶炊顶部的一个环槽里面。这种扎瓦尔卡被倒入茶杯或玻璃杯中，然后每个人根据口味偏好，再从萨莫瓦罐里倒热水。根据19世纪的礼仪，女士们用精美的瓷杯喝茶，而时髦男士喝茶则用插在金属杯套（podstakanniki）上的刻面玻璃杯。商人通常用很深的茶托喝茶，其好处是可以利用茶托宽阔的表面，让茶水快速冷却。但这项技术需要一点灵活性。喝茶的人把茶托放在五指上保持平衡，而这个姿势让他喝起茶来啧啧有声。这种出声的啜饮是他们喝茶时的乐趣之一，尽管贵族们对此颇为不屑。喝茶虽然频繁而普遍，但同时被仪式化了，因此社会各阶层在这方面都有特定的行为规范。

几乎所有的俄罗斯人，不管他们的地位如何，都喜欢在茶里加糖。人们把糖从大而坚实的圆锥体上削成不规则的、一口大小的块状，喝茶时再用牙齿将其咬碎。不像现在经过高度精炼的方糖，这种糖又稠又硬，融化得很慢，一块糖可以喝十茶杯（或茶托）的茶水。透过糖来喝茶的方式（vprikusku）令人愉悦，尽管对牙齿有害。当然，人们也可以用"vnakladku"的方式喝茶——把糖块直接扔进茶杯或玻璃杯里，但这种做法被认为是奢侈之举，因为直到19世纪晚期，糖的价格都很高。据说那些手头拮据的人会以不加糖的方式喝茶（vprigliadku），一边喝一边盯着这块珍贵的方糖，仿佛在召唤甜味的记忆。

无论糖被如何使用，人们喝茶总喜欢加上其他一些甜味剂，通常是蜂蜜或糖浆果酱，这些甜味剂被放在一种称为"rozetki"的小碟子里，柠檬和牛奶也有提供。喝茶是一种社交仪式，是人们聚在一起聊天的好时机，通常一聊就是几个小时，同时享受美味佳肴，如新鲜水果、馒头和香甜可口的馅饼。馅饼本身往往具有很强的观赏性：它们通过装饰性褶皱来加以密封，饼皮上覆盖着面团碎片，被塑造成叶子、花朵和其他有机物或几何体形状的浮雕。为了获得金色光泽，烘烤之前，人们通常会在饼皮上涂上蛋液。难怪俄罗斯人说："房子之美不在于墙，而在于里面的馅饼。"

艰难时代中的好客

革命之后，大量人口涌入莫斯科和彼得格勒（圣彼得堡），造成了严重的住房短缺。在这种情况下，集体公寓的居民不得不与陌生人共用厨房，家庭生活规范受到冲击。这种冲击并没有引起苏联社会理论家的关注，因为他们不仅质疑了私人生活和核心家庭的存在前提，同时在寻求一种新的生活环境，打造一种新的日常生活，即所谓的"novyi byt"，从而将俄罗斯人转变为模范苏联公民。理想主义的建筑师从奥地利建筑师玛格丽特·舒特－利霍兹基（Margarete Schütte-Lihotzky）1926年设计的超高效的法兰克福厨房中得到启发，设想出一种新型住宅。在他们设计的建筑中，各个公寓共享中央空间，包括厨房、餐厅、托儿所、健身房和洗衣房。这些公寓的布局和大小各不相同，但没有一个给家庭用餐留出空间。标准公寓有一个大约8英尺见方的小厨房，而最小的公寓，即所谓的生活单元，根本就没有厨房（据说不满的居民会偷偷带电炉进来）。尽管这些项目大部分都没有实现，但在1930年，莫伊塞·金兹伯格（Moisei Ginzburg）和他的学生伊格纳蒂·米利尼斯（Ignaty Milinis）在莫斯科建造了纳尔科芬大厦（Narkomfin House），旨在引导居民走向一种新的集体生活方式。

公共空间本应把女性从家务劳动中解放出来——或者，正如金兹伯格在他的著作《居所》(*Dwelling*)中所言，是为了"促进快速、无痛地过渡到更高层次的社会家政形态"。虽然这座至今屹立不倒的建筑，依然是富有远见的建构主义作品的典范，但它所规定的生活模式既不受欢迎也不符合实际，到20世纪30年代中期，苏联政府再次认识到核心家庭才是一个可行的单元。

对俄罗斯人来说，食物只有在分享的时候才有意义，即使是最小的快乐也可以成为庆祝的理由。但在20世纪，俄罗斯好客传统所遭受的压力，远远不只局限于公共意识形态。在处于围困期间的列宁格勒，与人分享几乎毫无可能，因为一个人的生命就取决于少量的面包配给。在围困期间，好客传统的丢失在俄罗斯生活当中特别令人羞耻：它使人产生一种只存在于自己身体里的感觉，虽然身体本身已经因为饥饿而变得陌生和怪异。即便如此，只要还走得动，人们还是会举行小型的庆祝活动。芭蕾舞演员维拉·科斯特罗维茨卡娅(Vera Kostrovitskaia)在她未出版的回忆录中讲述了年轻的医院工作人员基拉如何通过在小块面包上撒一点囤积的糖，而让她的同事吃到"封锁糕点"。

　　尽管战争和政治动荡造成了严重的食物短缺，但与人在餐桌上分享的愿望是一种民族特性，不管当时的物资有多么匮乏。即使在苏联最严重的物资短缺时期，人们也会想尽办法聚集在一起庆祝特殊的日子。这就是为什么在后苏联时代，当1998年经济崩溃和通货膨胀急剧上升时，俄罗斯人之间的民族认同感发生了动摇。普通人无法为客人提供一顿像样的饭菜。无法热情好客不仅仅是一个不能请客的问题：它触及了作为俄罗斯人的核心定义。俄罗斯人非常喜欢社交，由于极端天气和经常无法通行的道路，他们历来与世隔绝，这使得他们更加渴望有人陪伴。

　　苏联时代的一个流行笑话捕捉到了这个民族对欢聚的渴望。三个人被困在一个荒岛上，包括一个美国人、一个法国人和一个俄罗斯人。除了一箱啤酒和一副纸牌，他们什么都没有。正当他们喝酒打牌时，一个精灵从瓶子里出现了。精灵给他们每人一个实现愿望的机会。美国人先来。"我得回纽约，"他说，"我的搭档很可能正在诈我！"顷刻之间，他就消失不见了。接下来，法国人喊道："哦，我必须回巴黎，现在就要[1]，否则我的情人会投入另一个男人的怀抱！"说完之后，他也瞬间消失了。剩下俄罗斯人被孤零零地留在岛上。他垂下头。"我们曾经玩得那么开心，"他伤感地回忆道，"我们在一起喝了很多啤酒，玩了很多游戏，还建立了友谊……把他们给我全都带回来！"

---

1. 此处为法语。——编注

尾 声

苏联解体后的俄罗斯

Coda: Post-Soviet Russia

对集体化的苏联群众来说，队列的瓦解比苏联解体更加痛苦。随着排队的消失，人们失去了一种重要的自我认可的治疗仪式，这种仪式经过几十年的历练和打磨，已经成为一种日常必需品，就像瘾君子的毒品一样。然而，突然之间，毒品消失了。

——弗拉基米尔·索罗金（Vladimir Sorokin），

《告别排队》（*Farewell to the Queue*，

英文版译自杰米·甘布雷尔［Jamey Gambrell］）

　　苏联的解体不能归咎于1990年1月31日在莫斯科红场附近开设的麦当劳，但这家快餐连锁店的确让"铁幕"出现了裂痕。1991年12月，苏联解体，但美国快餐的引入给俄罗斯的公共用餐带来了翻天覆地的变化。在苏联时期，餐饮服务标准已经恶化到让粗鲁的门卫、粗暴的服务以及肮脏的环境成为社会常态。突然之间，出现了一家菜单上所有菜品都能买到的餐厅，质量得到管控，桌子闪闪发光，服务又快又好。

开业当天，超过三万人前来品尝美国汉堡。连警察也惊动了，他们赶到现场，以控制川流不息的人潮，尽管事实上并不需要警察——人们在寒风中耐心地站着，排起了一条长达数千米的队伍。

在莫斯科开设的这家麦当劳拥有900个座位，是当时世界上最大的一家麦当劳门店。早期光顾该餐厅的顾客对他们所遇到的新鲜事物如此兴奋，以至于他们决定把一次性的外卖盒和杯子保存起来，带回家里重复使用。许多人把这家餐厅的到来视为思想解放的象征。一位顾客后来在接受《美国之音》（Voice of America）采访时说："我感觉自己在享用美利坚合众国。"苏联商店的货架上可能已经空空如也，但麦当劳就像童话故事中的魔法商店一样，总是能源源不断地补充食物。

麦当劳在苏联取得的非凡成功，与其说与它的美国身份有关，不如说是缘于该公司对苏联从集中型经济向自由市场经济这一根本性转型的预见与推动。苏联解体之后，像杰弗里·萨克斯（Jeffrey Sachs）这样的外国顾问提倡"休克疗法"，寻求迅速实现贸易自由化、资产私有化，使俄罗斯在金融上保持稳定，

尾声

苏联解体后的俄罗斯

The Kingdom of Rye

黑麦王国

图14：亚历山大·斯特沙诺夫（Alexander Steshanov），《在麦当劳排队》（ *Queue at McDonald's* ），1990 年摄于莫斯科。苏联第一家麦当劳的开业是俄罗斯历史上具有开创意义的时刻，政府不得不对成千上万前来品尝著名美国汉堡的人进行管控。请注意，在麦当劳金色拱门标志的底部，贴有苏联之星以及共产主义的标志：锤子与镰刀。该照片现收藏于莫斯科多媒体艺术博物馆

并在全球市场上具有竞争力。这些结构性转变最终被政府和新寡头阶级之间的秘密交易破坏，这些寡头剥削俄罗斯的财富，让经济陷入混乱。但麦当劳坚持走自己选择的道路。从一开始，该公司就在莫斯科郊外设立了一个制造部门，以确保不间断地供应高品质的肉类和农产品（当地人称该工厂为"麦古拉格"［McGulag］，因为它周围有铁丝网）。起初，麦当劳有大约80％的食材依赖进口，但该公司努力鼓励私营企业和当地供应商的成长。截至2020年底，该公司98％的供应可以由俄罗斯国内的公司提供，而这些公

司同时能够为遍布俄罗斯广大地区的750家麦当劳门店提供服务。

　　但这家快餐连锁店的存在并非没有争议。2014年，在克里米亚事件之后，麦当劳关闭了该地区的三家门店。右翼政治家弗拉基米尔·日里诺夫斯基（Vladimir Zhirinovsky）呼吁将麦当劳完全赶出俄罗斯，他明确地将民族主义政治与食品选择联系起来。这种联系在2012年的一起事件中表现得更加明显，据称当时一名妇女在莫斯科购买的麦当劳汉堡中发现了蠕虫。这则新闻报道激起了公愤。俄罗斯首席医生根纳季·奥尼先科（Gennady Onishchenko）强调道："我得提醒我们的同胞，汉堡即使没有虫子，对莫斯科和俄罗斯民众来说也不是一种合适的营养选择。因为这些食物不是我们的。""我们的"（nash）一词既带有明显的政治意味（此前同名的青年运动"纳什"［Nashi］¹与克里姆林宫密切相关），也带有情感意味，让人想起18世纪米哈伊尔·谢尔巴托夫王子对使用

---

1. 全称为"我们的青年反法西斯运动"（Youth Democratic Anti-Fascist Movement "Nashi"），该组织强调对普京的绝对忠诚，捍卫国家主权，抵制境外势力入侵。——编注

外国食材的激烈抨击。最能说明问题的是，奥尼先科称汉堡为 "eda"，而不是 "pishcha"，奥尼先科的措辞表明他认为麦当劳汉堡既不能提供身体营养，也不能作为情感的支撑。

新的餐厅景观

麦当劳现在是俄罗斯的一个固定品牌，但它的成功不应仅仅从严格的财务角度来衡量。尽管该公司的运营模式受到了一些人的批评，被认为提供了廉价、不健康的食品，给工作人员开出的报酬也很低，更不用说它在全球传播美国快餐文化方面所发挥的作用，但麦当劳的存在确实能够给俄罗斯带来好处。"微笑服务"可能是一句套话，但当它被引入到一个顾客遭到工作人员的粗鲁对待已成常态的国家，这种说教便被证明是鼓舞人心，甚至具有革命性意义的。今天，良好的服务与干净的环境不仅在俄罗斯普遍存在，而且成为人们心中的预判。毋庸置疑，麦当劳在促成这些转变落实方面，起到了巨大的推动作用。

但这些成就来之不易。事实上，麦当劳并不是美

The Kingdom of Rye

黑 麦 王 国

图15：尤里·阿布拉莫奇金（Yuri Abramochkin），《在莫斯科市中心排队买美国阿斯特罗比萨》（*Queuing for American Astro Pizza in Downtown Moscow*），摄于1988年。阿斯特罗比萨餐车在莫斯科人中大受欢迎，它的主人老路易斯·皮亚康内期待着尝试新的配料。正如他在接受《洛杉矶时报》采访时所说的那样："他们想要鱼子酱，我们给他们就是了，稍微做一点改动就好。"遗憾的是，他的商业冒险活动只是昙花一现。货币兑换和原料采购等后勤问题迫使"阿斯特罗比萨店"在经营了短短几个月之后，就选择关闭。俄罗斯卫星通讯社提供图像

国快餐行业在莫斯科开的第一家分店。1988年4月，富有远见的美国企业家老路易斯·皮亚康内（Louis Piancone Sr.）利用米哈伊尔·戈尔巴乔夫在经济改革时期实施的宽松政策，开了阿斯特罗比萨店（Astro Pizza）：一辆大型的、闪亮的吉姆西（GMC）餐车，出售新鲜出炉的比萨，每块只需1.75卢布。这辆快餐车挂着苏联国旗和美国国旗的标志，会在莫斯科的不同地点出现。这让粉丝们猜测它下一次可能出现在哪里。然而，尽管阿斯特罗比萨店很受欢迎，但它仅仅

在六个月后就关门大吉。相较于终结在这个项目上的商业尝试，皮亚康内对文化交流更感兴趣，同时他也没有预见到在缺乏可兑换货币的苏联市场上经营生意的困难。

美国食品的到来，标志着苏联政府发展到了一个新的阶段：接受外国投资。麦当劳的崛起促使其他美国快餐连锁店争相在苏联开设门店。其中，必胜客于1990年出现在莫斯科，比麦当劳晚了几个月。和麦当劳一样，必胜客莫斯科店成为该公司全球销量最高的门店，其中一个原因是它迎合了当地人的口味，比如推出了一种"莫斯科"比萨饼，上面撒有沙丁鱼、金枪鱼、鲭鱼、鲑鱼鱼肉和洋葱。然而，随着苏联经济的恶化，该公司的发展步履蹒跚。必胜客希望通过电视广告来扭转其糟糕的业绩，就像1995年在美国所做的成功先例那样：当时它新推出的夹心比萨的销售令人失望，于是公司邀请唐纳德·特朗普和他的前妻伊万娜来提振该产品的销量。沿着这一思路，1997年，必胜客说服米哈伊尔·戈尔巴乔夫和他的孙女一起出现在苏联电视台的一则广告当中。在这段时长62秒的视频中，戈尔巴乔夫和孙女坐在必胜客餐厅用餐，而就在旁边，一个几代同堂的家庭成员围着一张桌子坐着，正在评论戈尔巴乔夫的是非功过——是给苏联带来了新的自由和机会，还是导致苏联从此在政治和经济方面深陷泥潭？对于这个问题，一家人各抒己见、莫衷一是，直到德高望重的老奶奶大声宣布："至少因为他，我们才有了必胜客！"然后整个餐厅的人都站起身来，向戈尔巴乔夫敬酒。不过，与特朗普先前的客串活动不同，戈尔巴乔夫的这则广告没有起到预期的效果，必胜客于1998年宣布退出了莫斯科市场。（但在弗拉基米尔·普京执政之后，它重返俄罗斯。）

与此同时，包括邓肯甜甜圈（Dunkin' Donuts）和巴斯金-罗宾斯（Baskin-Robbins）在内的其他美国连锁店迅速扩张，促使俄罗斯企业家开设了自己的连锁店。为了对抗美国进口食品，许多新企业将其吸引力建立在对俄罗斯食品的自豪感上。1995年，在莫斯科时任市长尤里·卢日科夫（Yuri Luzhkov）的大力支持下，"俄罗斯小酒馆"（Russian Bistro）首次亮相。该连锁店吹嘘自己可以提供正宗的俄罗斯高品质快餐，以各种便宜的美味馅饼和佩门尼饺子为特色。

但它由于扩张太快，最终倒闭，就像经营布林尼煎饼的"布林当劳"（BlinDonald's）连锁店一样。其中比较成功的是特瑞莫克，它于1998年开业，至今仍在运营。它最初只是一个连锁的布林尼煎饼售货亭，如今却在俄罗斯各地有数百家分店，包括一些可以坐下来吃饭的餐馆。特瑞莫克最近将自己的品牌重塑为"不是快餐"，而强调"用一种现代方法，将出色的口味和快速服务结合起来"。尽管如此，麦当劳、汉堡王和肯德基仍然主导着俄罗斯的快餐业。

在苏联解体后的早期阶段，莫斯科开设了一些高端餐厅。这些餐厅通过美食来彰显俄罗斯身份的愿望很明显，就连它们的名字都在宣扬俄罗斯的文化历史。纽约、伦敦或巴黎很少有餐厅以文学、艺术或历史人物命名，但莫斯科的文化主题餐厅包括"叶尔马克"、"普希金"、"奥勃洛莫夫"、"农场之夜"（以果戈理的一个故事命名）、"彼得罗夫–沃德金"、"沙漠白日"、"高加索的俘虏"（后两个均以苏联邪典电影命名）、"彼特罗维奇"（Petrovich，以苏联卡通人物命名），以及最近开业的"日瓦戈医生大咖啡馆"。这样一来，莫斯科的餐馆就成了国家文化遗产的象征，一个承载着俄罗斯文化遗产的商业品牌。

这些餐厅的装饰比它们提供的美食更引人注目，这一现象将它们与俄罗斯长期以来对幻觉的热爱联系起来。在苏联解体初期，无论是沉浸于普希金咖啡馆的19世纪风格，还是身处"沙漠白日"的中亚氛围之中，俄罗斯人在这样的主题餐厅吃饭时能暂时忘记日常生活中的苦楚。这座城市最受关注的餐厅旨在上演一场大餐表演，而不仅仅是给顾客提供一顿饭菜。光顾一家时髦的餐厅就像进入一个梦幻世界，可以把现实抛在脑后，把每处场所都变成一个虚拟的"消费剧场"。大型餐馆老板安德烈·德洛斯（Andrei Dellos）的普希金咖啡馆和图兰朵餐厅仍然是莫斯科最迷人和（实际上也）最梦幻的两个地方。他声称，在苏联统治70多年之后，"俄罗斯人（已经）厌倦了意识形态，我的目标是给人们提供一个栖息之地，让他们可以放松自己，做做梦"。

这种对梦境的享受在德洛斯奢华的图兰朵餐厅中表现得最为明显。该餐厅的布置足以让人想起革命以前的奢靡生活。图兰朵餐厅于2005年12月开业，占地6.5万平方英尺，位于一座耗资5000万美元重建的洛可可式宫殿里。为了建造和装修图兰朵餐厅，德洛斯前前后后花了六年时间。他拆掉了一个由18至19世纪豪宅组成的新古典主义建筑群（其中一座属于叶卡捷琳娜大帝的情人），并从莫斯科大剧院聘请了灯光和布景设计师。客人要穿过一个布满18世纪威尼斯灯笼的佛罗伦萨式庭院，以及一个出售价值数万卢布精致珠宝的布契拉提[1]展销厅，才能抵达餐厅。在餐厅的中央大厅里，有一个两层楼高的圆形大厅，上面有一盏镀金的铁质枝形吊灯，挂着来自乌拉尔、巴西和马达加斯加的水晶、石英和紫水晶吊坠。没有任何细节被忽略或轻视——甚至连厕所都是用代尔夫特瓷器制作的。至于食物，虽然没有提供鲱鱼鳃，但在早期的菜单上有一种罕见的清炖乌龟汤。今天，这里的食物要普通得多。寿司、春卷、炒饭以及其他泛亚菜肴不协调地出现在富丽堂皇的餐厅布局里。

另一个极端是对苏联时代餐饮的怀旧情绪。装饰风格俗气的彼特罗维奇餐厅很早就加入了这场游戏，而其他公司也紧随其后，比如位于古姆百货公司的

---

1. Buccellati，意大利著名珠宝品牌。——编注

The Kingdom of Rye

200   黑麦王国

"斯托洛维亚57号"（Stolovaya 57），它把工人自助餐厅的概念变成了一种时尚。正如《纽约时报》2019年的一篇文章所言，"对没有微笑的服务的渴望是俄罗斯普遍怀旧情绪的一部分"。苏联餐馆生活的一个重要方面是由门卫维持的排他性：他们不允许普通人进入现有的少数优秀餐馆。这种餐馆的大多数门上都挂着"满座"的牌子，不过顾客通常可以通过贿赂门卫而进入。在苏联解体后的早期阶段，"面部识别"成为把人拒之门外的另一种形式，当时门卫会对心目中的标准客人和实际客人进行一番面相比对，以评估是否放行。如今，外出就餐已经成为常态。进入任何一家餐厅，更多的是关乎一个人的经济负担能力，或能否抢到预订位置的问题。在苏联体制下，"去餐馆"被定位为一种特殊场合下的放纵行为，而现在的人们外出吃饭只是为了给平淡的生活找点乐子。这种转变需要一种新的意识形态框架来约束人们的享乐主义活动。在苏联解体后的30年里，许多食客也获得了成长经验。尝过外国食物之后，他们对美食更有经验，也有了更高的要求。莫斯科和圣彼得堡仍然处于美食时尚的前沿，但俄罗斯各地的城市都有专门经营意大利、日本、泰国、越南、格鲁吉亚和其他菜系的餐馆和咖啡馆。

汉堡也回来了。2015年，另一位餐饮巨头阿尔卡季·诺维科夫（Arkady Novikov）开设了汉堡连锁店"碎牛肉"（Farsh），很快就因其纹理清晰的黑安格斯牛肉饼和松软的土豆面包吸引了一批追随者。诺维科夫聘请曾在法国和伦敦的米其林星级餐厅工作过的法国厨师卡梅尔·本玛马尔（Kamel Benmamar），来制作他心目中的"工艺快餐"。一年之后，餐厅老板尤里·莱维塔斯（Yuri Levitas）与备受争议的嘻哈艺术家蒂马蒂（Timati［Timur Yunusov］）合作，以后者的唱片标牌命名，开设了"黑星汉堡"（Black Star Burger）连锁店。该连锁店在苏联和俄罗斯时期都拥有数十家餐厅和加盟店。和"碎牛肉"的汉堡一样，"黑星"的汉堡也馅厚汁多，以至于它对每份订单都得配送一副低过敏、可回收的黑色丁腈手套，这样顾客在急匆匆地吃汉堡时就不会弄脏双手。这种黑色手套变得非常流行，以至于现在整个俄罗斯的汉堡店都经常提供黑手套。围绕汉堡主题的博客"汉堡屋"（Burger House）将黑星汉堡称为"第一个俄罗斯国家汉堡",这大概并不夸张,因为蒂马蒂公开支持普京和亲克里姆林宫的莫斯科市长谢尔盖·索比亚宁(Sergei Sobyanin),就连车臣铁腕人物拉姆赞·卡德罗夫(Ramzan Kadyrov)也在Instagram的一段视频中给他的汉堡点了赞。自麦当劳在莫斯科首次开业以来的30年里,汉堡似乎绕了一个圈:黑星汉堡已经横跨全球,在洛杉矶时髦的费尔法克斯大道上开了一家分店;而在美国,在布鲁克林的俄罗斯社区布莱顿海滩,送黑手套如今已经成为汉堡订单中的标准配置。正如一位咖啡馆老板所道明的那样:"坐在这里,戴着手套,吃着汉堡,看着这一切的同时也身处别人的视线中,真是太棒了。感觉就像在莫斯科一样。"

冲击与生存

过量的时尚餐饮集中在莫斯科,但在其他地方,许多人几乎入不敷出,所以即使餐馆比比皆是,也不是每个人都有能力光顾。俄罗斯人,尤其是老一辈人,在苏联解体后的经济混乱中遭受了精神创伤。1992年,通货膨胀率超过了2000%;20世纪90年代中期，俄罗斯的经济产出只有1989年的一半左右；1990至1994年间，男性预期寿命从63.8岁下降到惊人的57.7岁。工资经常几个月都发不出来，而食品价格却居高不下。苏联的安全网已经消失，民众的基本生存也遭受威胁，尤其是那些靠微薄的养老金生活的人。卢布的价值不断降低，直到1998年彻底崩溃：当时政府让货币大幅贬值，1000个旧卢布只相当于1个新卢布，人们的储蓄瞬间化为乌有。

在苏联后期，人们忍受着物资匮乏的痛苦，有时还得忍饥挨饿，但20世纪90年代带来了真正的绝望。由于在集体记忆中经历过饥荒，并且听到过太多关于资本主义制度下残酷和饥饿的骇人宣传，俄罗斯人深感焦虑。他们再次通过求助于非正式的交易网络来获取救济品，这些网络成为缓解政府供应匮乏的一个重要的替代方案。此外，俄罗斯人还求助于他们的达恰庄园。随着苏联的解体，私人已经可以合法拥有自己的园地。而人们在开荒垦地的时候，已经可以不受以前不超过6索特卡的限制，开始自给自足——尤其是代表着幸福与保障的土豆，尽管人们也种植其他蔬菜和水果。据联合国开发计划署的报告，1991年，莫斯科大约65%的家庭在使用园地。自给自足在农村地区更为重要，因为那里几乎没有外来食物。最能说明问题的是，这种自给自足的农业在俄语中的说法是"natural'noe sel'skoe khoziaistvo"，即"自然农业"，因为种植园并不是什么新鲜事，这是俄罗斯人延续了一千多年的生存方式。

达恰庄园的作用不仅仅是缓解食物短缺。并非所有食物都生而平等。和其他民族一样，俄罗斯人也相信，在一块熟悉的土地上由自己的劳力耕种的食物，比通过其他来源获得的食物更美味，也更健康。通常来说他们这样想没错，但问题不仅在于食物质量或自力更生，还关乎食物与土地和土壤之间的联系。这种态度与长期以来的信念有关，即大自然，以及延展开来的耕种土地，可以给人们带来精神上的益处。在达恰庄园耕种不仅仅代表着人们对紧急事态的回应或兴趣的驱动力，它实际上也是一项极其重要的文化活动，其根源就在于"达恰"这个词语本身，它源于语素"给予"。当这些周末园丁有多余的农产品时，他们很少拿到市场上去出售，而更喜欢与家人和朋友分享。

尾声

苏联解体后的俄罗斯

这种文化特征解释了为什么即使在经济稳定之后，人们仍然继续耕种达恰庄园，以及为什么在可以轻松购买所需食物的情况下，他们还会花大量时间来照料园地。值得称道的是，俄罗斯立法机构——杜马（Duma）——在2003年通过了《私人园地法》（*Private Garden Plot Act*），免费提供小型私人地块。（当然，鼓励这种小规模农业来弥补政府的农业失败，这符合后者的自身利益。）就在2004年，以水果与蔬菜为主的小农户的土地产量占俄罗斯农业总产量的51%。真正的好处更在于精神层面而非经济方面——俄罗斯人依然热爱土地，他们喜欢挖掘土壤、耕种庄园。

在过去15年里，虽然小块私人土地的产量有所下降，但达恰庄园仍受到广泛关注，尽管它们更像是一种护身符，是保障心理和身体健康的源泉，而不是对粮食短缺的紧急回应。除此之外，在俄罗斯还有一个代际转变：年轻人有工作要忙，无法投入大量的时间或精力来耕种可持续的庄园，或者他们干脆自己就选择不这样做。因此，劳动密集型的土豆苗圃已经让位于装饰性的花坛，但土豆在俄罗斯人的心目中仍然占有一席之地，即使只是出于怀旧的原因。俄罗斯最北部的诺伦斯卡亚村（Norenskaya）是诗人约瑟夫·布罗茨基被流放的地方，现在几乎已经完全荒芜。然而，每年9月都会有数百人涌向那里，参加一个名为"诗意土豆"（The Poetic Potato）的节日。这一庆祝活动起源于布罗茨基流亡的最后时刻：在国际社会的压力之下，他于1965年9月23日被宣告释放。据说，当他被带离住处时，他的女房东在后面叫道："我要怎么一个人来挖土豆呢？"对此，布罗茨基表示他会回来帮忙。（他未能兑现诺言；1972年，他被苏联驱逐出境。）该艺术节于2016年——布罗茨基七十六周年诞辰之际——举行了开幕仪式。各个年龄段的参与者聚集在一起，挖掘、烹饪并食用土豆。他们还阅读、讨论布罗茨基的诗歌。一些人把零星的土豆带回家，准备来年培育自己的作物，从而象征性地把诗人的诗句播撒到全国各地。

身心健康

在西方文化中常见的关于身心健康的训诫，可以追溯到古希腊人身上。然而，俄罗斯人将这一使命解释为"灵魂和身体"（i dushoi i telom）的健康。通过耕种、采掘或在公园散步呼吸新鲜空气的方式亲近自然，是实现和谐的一种方式。一个人如何获取食物也很重要，非官方的关系网被认为比匿名的食物供应链更可靠，对身体和心灵都能产生更好的效果。如果你自己不能自给自足，那么退而求其次，接下来最好的办法就是从熟人那里获得食物，无论是家里的朋友、远方的熟人，还是经常打交道的商人。俄罗斯人认为，馈赠者或销售者的优秀品质会提高他们所提供食物的味道。俄罗斯人脉圈子里的成员进一步体现了"我们的"概念，并让彼此引以为荣。俄罗斯人"我们的"概念可以从个人关系以及更具有政治色彩甚至是民族主义的层面来理解——在2014年克里米亚事件、俄罗斯遭受西方国家制裁之后，这一点变得尤为突出。

然而，即使在民族主义的框架内，也不是每一种农产品都好，即使它是"我们的"。苏联时期发生的环境灾难——荒漠化、重金属对土壤的污染，以及化肥径流造成的灾难性污染，都被揭露出来，促使消费者寻求"生态卫生的农产品"（ekologicheski chistye produkty），该术语不仅包括有机农业耕作方法，还包括生产链中可识别的人力资源。由于种植、保存和烹饪食物的时间越来越少，城市居民越来越关心他们购买食物的来源。他们接受了本地、有机、非转基因、纯素和无麸质等流行术语作为衡量标准，甚至对于像卡沙粥这样几乎永远符合这些标准的产品也不例外。

有机食品连锁店"微谷食优"（VkusVill）的成功也体现了俄罗斯人对健康的追求，因为这家连锁店把自己标榜为"提供健康饮食的杂货店"。这家本土连锁店始于2009年，最初是一家名为"小农舍"（Little Cottage）的小店，提供农场出产的新鲜乳制品。到2011年，这个单一的商店已经发展到80家。到了2012年，第一家微谷食优开业，销售包括乳制品在内的许多其他产品，而这些产品都是直接从生产商那里采购的。该公司目前拥有1000多家门店，其中95%的产品都带有该商店的自有品牌。事实证明，这种专注于本地生产的做法是有远见的，尤其是在西方对俄罗斯实施制裁、卢布再次随着油价暴跌之后的混乱时期。微谷食优蓬勃发展，即使其他商店的食品价格飞涨，它也照样给顾客提供折扣。该公司还在继续扩张。近年来，它在当地增加了许多迷你超市、售货亭，甚至自动售货机，以便人们在离家时也可以吃得健康。即使是新冠病毒感染也未能拖累连锁店的发展：他们很快建立了一个网站，允许非接触式购物，顾客还可以在智能手机应用程序上跟踪商店的特价商品。然而，即使有了数字界面，微谷食优还是成功地推广了一种人性化理念。该理念对俄罗斯人理解健康饮食至关重要，这要归功于它友好的信息传递、卓越的客户服务以及对社会价值观的坚定承诺。在一个摆脱功能失调的苏联供应模式刚刚30年的国家里，出现这种以消费者为导向的经营理念确实难得。正如微谷食优在自己网站所宣称的那样，"我们交换积极的情感"。

对于俄罗斯有关适当营养和健康的政策指令而言，积极情感很少成为他们的追求目标。苏联人把营养和卫生作为国家支持的优先事项——苏联的烹饪圣经名为"美味与健康食物之书"，并非偶然。但对于许多苏联人来说，这本书所列的食谱仍然让他们可望而不可即，因为在富含蛋白质和维生素的食物如此短缺的情况下，人们不可能照着食谱的配方烹饪。在后苏联时代的俄罗斯，越来越多的消费者开始谨慎对待自己和家人的健康状况，截至2018年，他们的总体预期寿命已从后苏联初期的低谷上升到近73岁。然而，由于不是每个人都有能力或意愿健康饮食，于是政府决定进行干预。俄罗斯联邦消费者权益保护和人类福祉监督局从2021年1月1日起对学校午餐实施新规定。为了促进学生认知能力的发展，学校的厨房要使用加碘盐，并且所有学生的午餐都必须趁热供应。肥美的肝泥香肠被禁止食用，同样遭到禁止的还有苏联时期最受欢迎的、那种适合儿童食用的海军风格通心粉。（这道高热量的通心粉混合了油煎洋葱和碎牛肉，曾经取代了普通的荞麦粥，以奖励那些在船上特别辛苦地烧锅炉的水手。）监督局还建议用鹿肉或马肉代替牛肉，因为它们的饱和脂肪含量较低。所有这些措施都本着良好的初衷，但其他一些规定则禁止了那些深深植根于俄罗斯饮食文化的食物，比如蘑菇、肉冻（kholodets）、"鲱鱼福什马克"（herring forshmak，剁碎的鲱鱼和洋葱，通常配土豆泥），以及被称为"okroshka"的蔬菜汤（可能是因为它需要使用违禁的、含少量酒精的格瓦斯，或者因为它是冷饮）。最令人吃惊的是，在被禁止的调味品目录中，竟然包括醋、辣根和长期以来定义了俄罗斯餐桌的芥末。用淡而无味的食物养育一代孩子，不仅在文化上不合适，而且也误入歧途了。

在适应现代生活的复杂过程中，俄罗斯人发现他们没有那么多时间去做过去喜欢做的事情，比如存储堆积如山的果酱，或者定期在班雅浴室蒸桑拿。然而，即使到了今天，俄罗斯人仍然坚持共享餐桌，认为这对身体和精神健康至关重要。无论是在家里还是在外面，一起吃饭仍然是俄罗斯人生活中的一个重要方面。大家坐在一起，就着糕点和茶水聊天，在咸咸的"扎库斯卡"开胃菜上举起伏特加祝酒，分享一碗碗热气腾腾的佩门尼饺子——这些欢聚行为，使得现代社会的压力暂时中止，并与他人产生一段开心的交谈。

找回过去

对"我们的"食物的关注不仅包括健康饮食，还包括恢复俄罗斯烹饪遗产的愿望，这其中大部分在苏联时期丢失了。从严格意义上来讲，这种找回过去的愿望并非后苏联时代的独有现象。事实上，俄罗斯最早出版的烹饪书之一——1816年出版的《俄罗斯厨房，或称对制作各种正宗俄罗斯菜肴以及存储各类果酱的说明》(*The Russian Kitchen, or Instructions for Making All Sorts of Real Russian Dishes and for Putting up Various Preserves*)，懊悔于俄罗斯民族菜肴的消失，反映出一种面对"正宗的"俄罗斯烹饪在过去几十年引进的诸多外国美食和制作方法的冲击之下正在消失的忧虑之情。并非偶然的是，瓦西里·列夫申 (Vasily Levshin)创作这本烹饪书的时间恰好是在拿破仑进攻俄国的战役遭遇惨败之后，当时俄罗斯的民族主义借势抬头。列夫申主张回归"简单的"民族菜肴，但这些菜肴已经逐渐被"外来的、复杂的"菜肴取代。他认为，外国菜肴大量使用调味料，这不仅对俄罗斯人来说不自然，而且对他们的健康有害。

苏联解体之后，对西方美食入侵的抵制并没有立即出现。随着对进口食品限制的取消，俄罗斯人对所有外国的东西都感到兴奋，渴望体验全新的食物和口味。外国食物享有本土食物不具备的魅力。有购买能力的消费者甚至更喜欢瑞典生产的"绝对伏特加"
（Absolut）而非国产品牌的伏特加。（尽管"绝对伏特
加"在英国和美国的盲品比赛中经常得分很高，但在
俄罗斯，人们对这种淡而无味的伏特加的青睐反映出
一种不同的动机。）沙拉曾经几乎无一例外地被视为
一种加工好的蔬菜拼盘，（虽然有时还会加上肉或鱼）
的菜品，但现在的年轻人更青睐绿叶沙拉。最引人注
目的是，由小麦粉制成的有弹性的法棍面包比俄罗
斯由厚实的酸面团制成的传统黑麦面包更受欢迎。提
供各种全球性食品的餐馆和咖啡馆大量涌现。尤其是
寿司，简直无处不在，甚至在昂贵的意大利餐厅都能
看到。对新奇事物和"异国情调"的总体渴望掩盖了
这样一个事实，即俄罗斯早就有了自己的生鱼片，也
就是"斯特罗加尼纳"，一种切成薄片的生冻白鲑鱼
（muksun）。

新颖的食物带来了一些实验，如苏联解体早期的
比萨饼，其中有沙丁鱼和猕猴桃片，尽管这种组合也
许并不比夹火腿和菠萝的"夏威夷"比萨饼更特别。
在某些情况下，陌生的进口产品催生了一些令人心
酸，甚至颇具喜剧效果的时刻，比如美国鲜红色的塑

料Solo杯就莫名其妙地时髦起来。人们没有意识到这些杯子是用来喝冷饮的，还把它们放在盛有热水的萨莫瓦罐旁边，等到发现杯子软化塌陷时为时已晚。

在新千年，对外国食物的无条件接受开始减少。带头反对它们的是一个名叫鲍里斯·阿基莫夫（Boris Akimov）的年轻人，他在2009年创建了一个名为"商店购物"（LavkaLavka）的组织，旨在向人们灌输对俄罗斯本土农产品及其古老的保存和制备方法的自豪感。阿基莫夫最初专注于乡下的小农场。在苏联解体后的头20年里，超过一亿英亩的农田退出了生产。废弃的集体农庄杂草丛生，农场建筑也年久失修。大量的耕地处于休耕状态。阿基莫夫希望推广可持续的耕作方法，并为农民的小规模作物提供一个零售渠道。与此同时，他希望振兴乡村，那里的人们在获得移居城市的自由后都纷纷离开，农村已经变得空荡荡了。他的项目逐渐发展成为一个农民合作社，在莫斯科和圣彼得堡都有业务，包括"从农场到餐桌"的咖啡馆以及商店。然而，该公司的成功是以2014年俄罗斯遭受西方制裁为前提的，该制裁迫使俄罗斯有数千种产品无法再进口，只能转向自己的供应链。

例如，一家大型杂货连锁店"味道的字母"（Azbuka Vkusa），在禁运前曾销售超过350种进口奶酪。当连锁店突然不得不转向国内市场时，就产生了对本地产品的新需求。于是准备就绪的"商店购物"可以直接占领市场，生意也就兴隆起来。但该公司始终坚持自己对质量的承诺。它销售的所有奶酪都是用牛奶制成的，而不是用俄罗斯企业制造商为了制造廉价奶酪经常使用的棕榈油。

通过从法律层面对本土产品进行比进口产品更多的物价管控，公众的态度发生了重大转变。曾经与传统习俗隔绝的俄罗斯年轻人，如今一直在积极努力发掘并恢复以前的生活方式。新一代工匠热衷于恢复在苏联时代丢失的文化：他们种植传统作物，以采集野生食物为乐，并制作古老的手工食品，如陀洛可楼（烘干的燕麦粉），以及被遗忘的饮料，如贝里奥佐维茨（一种轻度发酵的桦树汁）。这些食物的呈现，显示了对全球烹饪趋势的一种深刻认识。除了经典汤品、在砖砌炉灶中慢慢熬制而成的"24小时什池"，"商店购物"咖啡馆的菜单还提供了来自西伯利亚列拿河的白鲑鱼，配上腌制的洋葱、山茱萸汁和黑麦面包片，用斯佩尔特面包包裹的鸭肉酱，配上洋葱酱和红醋栗酱，以及鞑靼鹿肉，配上牛肝菌酱、咸蛋黄和苜蓿。

这种活动带有更多的民族主义情绪，特别是在俄罗斯与西方的政治关系重新变得紧张之时。一百多年前托尔斯泰的《安娜·卡列尼娜》中那场著名的晚餐辩论——在象征美德的自制卷心菜汤、卡沙粥和像弗伦斯堡牡蛎、帕尔玛干酪和法国夏布利酒这样的腐朽的外国进口食品之间展开——如今再次流行开来。车里雅宾斯克厨师马克西姆·瑟尔尼科夫（Maxim Syrnikov）的烹饪书《正宗的俄罗斯美食》（*Real Russian Food*）和《正宗的俄罗斯节日》（*Real Russian Holidays*）吸引了大量读者，这些书使用方言的词汇和语调，描述了古老的烹饪方法和食谱。他教读者如何制作各种老式粥食，比如将未成熟的黑麦和牛奶放在砖砌炉灶里慢慢烤制而成的"绿色卡沙粥"；还有库拉尕粥，将轻微发酵的黑麦芽烘烤成带有麦芽本身甜味的硬块。瑟尔尼科夫撰写的这两本书意义重大，不仅因为它们记录了俄罗斯的饮食方式，还因为他在书中所透露出的鉴赏力。俄罗斯农民对待最低贱的蔬菜的方式，显示出他们对自己必须面对的原料受限情形的深刻理解。例如，味道最微妙的酸菜，俄语中称为"科罗什沃"（kroshevo），需要在制作过程中精心处理，而不是进行简单的盐渍就可以。科罗什沃不像一般酸菜那样，是用卷心菜最内层的叶子制成，而是用来自第二层和第三层叶子（他们对最外层粗糙的"灰色"叶子采取不同的处理方式）。把沸水倒入切碎的叶子里，然后盖上盖子，蒸汽处理几天。接下来，人们在桶底用力揉捏挤压，将其发酵一天，之后再重复该过程。到了第四天，卷心菜叶被转移到一个含有淡盐水（浓度2%）的木桶中。在一个同样费力的过程中，辛辣的黑萝卜被制成了一种曾经深受人们喜爱的甜点，叫作"马祖尼亚"（mazunia），方法是将切片的萝卜脱水后捣成粉末。将糖蜜与肉桂、丁香和生姜搅拌在一起，然后把混合物密封在陶罐里面，放在烤箱中慢慢蒸上两天两夜。瑟尔尼科夫坚持最基本的烹调方法（通常只需要很少几种配料）的美味，这纠正了人们认为俄罗斯农民饮食完全乏味的看法。诚然，这种工作很单调，但也有切实的乐趣。瑟尔尼科夫的书毫不掩饰地颂扬了俄罗斯的民间生活，旨在重新点燃人们对本国饮食文化的自豪感。

　　2014年，一个名为"吃俄罗斯"（Eat Russia）的激进青年组织开始搞宣传噱头，他们突击搜查杂货店，在那里"发现"明显违反俄罗斯对西方食品实施的反制裁措施的外国进口产品。该组织谴责进口食品是危险之物，坚持认为"俄罗斯食物才正宗"。烹饪民族主义也成为著名电影制作人安德烈·康查洛夫斯基（Andrei Konchalovsky）和尼基塔·米哈尔科夫（Nikita Mikhalkov）兄弟构想的名为"让我们像在家里一样吃饭"（Edim kak doma）的新连锁食品店与咖啡馆的基础。该项目是从大受欢迎的烹饪节目《回家吃饭吧！》（*Edim doma!*）衍生出来的，而该节目由康查洛夫斯基的妻子朱莉娅·维斯托斯卡亚（Julia Vysotskaya）主持。2015年，这对亲克里姆林宫的兄弟向政府要求近10亿卢布的预付款，以支持他们创业。他们认为当务之急是用自己的公司取代麦当劳，因为麦当劳"敌视俄罗斯精神"。他们的项目宣布之后，在社交媒体上掀起了一场嘲讽风暴。一位推特用户发布了一份新汉堡成分的模仿图，显示最高比例的成分是46%的"精神"。尽管据说普京也很喜欢他们

The Kingdom of Rye

黑 麦 王 国

图16：亚历山大·米里多诺夫（Alexander Miridonov），"吃俄罗斯"运动的激进分子对莫斯科一家超市组织的袭击，摄于2015年。该组织邀请记者前来见证这次突袭，他们谴责外国食品，并在据称违反克里米亚事件后实施的反制裁规定的进口食品上，张贴了描绘俄罗斯熊对美国国旗咆哮的贴纸。照片来自《生意人报》（*Kommersant*）

的创意，但他没有对这个项目直接进行政府投资，而是承诺会提供强有力的官方支持。不过，即使没有获得克里姆林宫的资金资助，该项目最终也取得了成果，并于2019年推出了特许经营权。顾客可以从一张小巧的菜单中进行选择，但除了两种意大利面，上面提供的全是俄罗斯的怀旧食品。每一份餐食都会进行快速的真空烹调，供现场食用，也可以打包外卖。这些食品的原材料被标榜为"天然的"和"民族的"（otechestvennye），后者是一个意味深长的词，指的是国内生产，却带有极端爱国主义的内涵，就像"伟大的卫国战争"一样，这是俄罗斯对第二次世界大战的称呼。

未来会怎样

　　1990年，在麦当劳于莫斯科开业前不久，苏联第一家独立电视台播出了一档名为《我们来了!》(*Oba-na!*)的节目。试播集《食物的葬礼》(*The Funeral of Food*)以模仿苏联领导人庄严葬礼的队列游行为特色，只不过死者是从城市货架上消失的食物。诙谐的表达方式并没有掩盖该节目所传达的尖锐信息。25年以后，由于禁止进口外国产品，俄罗斯的商店再次空空如也，于是这一集节目在社交媒体上重新出现。尽管幽默的表演仍然引起了人们的共鸣，但在中间这几年里，情况发生了很大变化。20世纪90年代，外国进口商品激增，数百家餐馆开张，苏联时代的粗暴服务被以顾客至上的营销方式取代。曾经摆放着空荡荡货架的肮脏的国营商店已经变成各种高档杂货店，而这些杂货店所提供的原料极为稀有，足以满足俄罗斯寡头们的口味，尽管它们货架上的许多物品仍会暂时售罄。盛大的伊利塞夫食品店经受住了革命、战争、物资短缺，以及最近新冠病毒感染的考验。该店于 2021 年 3 月宣布关闭时引起了巨大的骚动，以至于莫斯科市政府采取行动接管了此地的所有权，并立誓要把该店作为文化古迹来加以保护。

在 21 世纪，俄罗斯已经从小麦进口国转变为世界最大的小麦出口国，在 2019 至 2020 年间向世界市场输送了近 3450 万吨小麦。然而，用于出口的小麦并不是小农场的产品。仅仅十家公司就占了这些出口粮食的 50% 以上。如果俄罗斯薄弱的基础设施按计划得到改善，那么企业农业的力量和范围只会增加。气候变化可能会在更北的地区开辟出种植小麦的农田，航运模式也将发生变化。一项雄心勃勃的计划包括最近在日本海的小港口扎鲁比诺（Zarubino）建成一个新的粮食码头，那里距离中国边境只有 11 英里。这个不冻港与多条铁路相连，可以方便地将粮食运输到中国、韩国和日本。

如此丰富的小麦产量意味着俄罗斯不缺乏牛饲料，并且有大量的粮食供人食用；此外，小麦出口还带来了急需的外汇。但是提高小麦产量的努力也有不利的一面，那就是造成了黑麦的损失。从 20 世纪 20

年代末推动机械化开始，集体农庄工人发现联合收割机在收割黑麦时遇到困难，因为黑麦比小麦长得高得多。于是，只要有可能，他们就选择种植小麦。早在苏联时期，一些评论家就对作为俄罗斯主要谷物的黑麦的消失而感到惋惜。他们认为这侵蚀了俄罗斯的民族认同，因为几个世纪以来，这个国家一直将自己定义为"黑麦王国"。对许多人来说，后苏联时代对法棍和蓬松面包等白面包的渴望，只会加深俄罗斯文化上的损失。

俄罗斯不断发展的"食品革命"不仅受到消费者需求的影响，还受到消费者无法控制的政治因素的影响。政治专家尼古拉·特罗伊茨基（Nikolai Troitsky）提出，俄罗斯对外国食品实施反制裁的主要原因是普京希望把该国的自由主义者描绘成依赖牡蛎和意大利火腿的倒行逆施者，这是在旧的斯拉夫派与西方派辩论时出现的一个新变化。然而，这些制裁不仅令俄罗斯的精英阶层反感，也令俄罗斯的新中产阶级反感。这些中产阶级现在可以外出就餐，通过尝试不熟悉的菜肴或选择更健康的食物来满足自己的个人口味。

餐厅文化仍在不断变化。像"图兰朵"这样的主题餐厅在千禧年初开业时，主要注重氛围的营造，但最近的烹饪企业则更注重食物的质量。俄罗斯现在有自己的名厨，主要集中于莫斯科，其中"白兔餐厅"（White Rabbit）和"双胞胎花园餐厅"（Twins Garden）都入选了2019年世界50佳餐厅名单，并且都排在前20名。白兔餐厅主厨弗拉基米尔·穆钦（Vladimir Mukhin）的使命是将俄罗斯美食带到更广阔的世界。在努力甄别俄罗斯厨房的典型风味和技术，并以当代形式将其呈现出来的过程中，他希望效仿新北欧食物的全球影响。2016年，穆钦以哥本哈根著名的诺玛餐厅（Noma）开创的味觉实验室为蓝本，开设了"白兔实验室"。在实验室里，他制定了一份名为"向过去前进"的品尝菜单，以16世纪的《治家格言》中提到的食材为基础，但依照他自己的风格和他自己设计的食谱执行。其中的天鹅肝和麋鹿唇，似乎更多的是为取得震撼效果而设计的，而不是为了让古老的俄罗斯饮食方式持续复苏，但菜单总体上以俄罗斯人喜爱的大胆而独特的口味为特色。在双胞胎花园餐厅，双胞胎兄弟别列祖茨基的相似目标是惊艳味蕾——这并不奇怪，因为伊凡·别列祖茨基（Ivan Berezutskiy）曾得到西班牙厨师费兰·阿德利亚（Ferran Adrià）的亲自指导，而谢尔盖·别列祖茨基（Sergi Berezutskiy）则在格兰特·阿卡兹（Grant Achatz）的芝加哥创意餐厅"阿丽尼"（Alinea）实习过。和白兔餐厅一样，双胞胎花园餐厅也专注于发掘俄罗斯特色，尽管它更明显地关注本地性和节令性：菜单上约70%的农产品来自餐厅自己的农场。其中一份品尝菜单被简单地命名为"蔬菜"，它将植物性饮食的理念发挥到了极致，充分利用了蔬菜从种子到蔬菜外皮的生命周期的各个阶段，甚至连配套的酒都是用蔬菜、蘑菇和草药酿造的。另一份名为"重新发现俄罗斯"的品尝菜单提供了关于地方美食的教育，它带着食客穿越俄罗斯广阔的地域，从遥远的北方到遥远的东方，再到气候更温暖的南方。虽然普通俄罗斯人很少光顾这些高端餐厅，但他们对俄罗斯美食的关注已经影响了很多排他性不那么强的场所，因为越来越多的餐厅承诺提供"正宗的"俄罗斯菜品。莫斯科的"乌赫瓦特"（Uhvat）就是一个很好的例子。它的名字其实是指用来放置和取回砖砌炉灶上的锅具的那把大钳子。菜单上的所有菜肴都是用三种传统灶具烹制的，甚至黄油也是放在传统灶具里面融化的。

纵观俄罗斯的历史，其烹调因吸收和调整东西方的食材和菜肴而变得更加丰富。茶叶和饺子很早就从中国传了过来；俄罗斯帝国见证了法国烹饪技术的崛起，引入了小块肉、浓奶油酱汁和精致的、富含黄油的糕点；苏联拥抱从中亚到波罗的海的饮食文化；后苏联时代的俄罗斯在接受美国快餐的同时，接受了来自全球各地的新奇食品，然后将俄罗斯汉堡送到了洛杉矶和布莱顿海滩。那么在未来的几十年里会发生什么？正如弗拉基米尔·穆钦2016年在荷兰前卫美食节"厨师革命"（Chefs Revolution）上宣称的那样："民族文化才是美食发展的未来。"厨师们可能会像穆钦在他的餐厅里所做的那样，让古老的食谱复活，把它们改造成新的形式，但即使是在最具前瞻性的菜肴中，某些基本的俄罗斯口味也保持不变：比如在乳酸发酵的泡菜、盐渍水果、传统黑麦面包和格瓦斯中得到体现的发酵食品的酸味，野生蘑菇和荞麦粒的泥土味，辣根和芥末的辛辣口感，用格瓦斯和泡菜卤水等酸味剂提味的汤汁，安东诺夫苹果和沙棘的酸味，蜂蜜和烤成焦糖状牛奶的甜蜜诱惑……俄罗斯古老的饮食方式是在艰苦和饥饿中诞生的。今天，它们正因想象力和活力而焕发生机，不仅为西方世界打开了一扇窗户，而且为烹饪和文化的过去打开了一扇新的门，从而与未来产生富有意义的联系。

致 谢

　　本书是我对俄罗斯这个国家及其食物进行五十多年思考的结晶。在此期间，很多人向我分享他们的专业知识，通常还有他们的食谱，这让我受益匪浅。首先是我亲爱的朋友纳杰日达·肖赫恩（Nadezhda Shokhen），直到今天她仍赋予我灵感。我也要感谢我在加州大学出版社的编辑凯特·马歇尔（Kate Marshall），感谢她热情而坚定的支持。此外，我还要感谢出版社总监蒂姆·苏利文（Tim Sullivan），是他的鼓励促成了这本书的诞生；感谢恩里克·奥乔亚–卡普（Enrique Ochoa-Kaup）熟练地指导我加工手稿；以及艾丽卡·布基（Erika Büky）这位敏锐的文字编辑。

　　在新冠病毒感染期间，如果没有威廉姆斯学院馆际互借服务处的艾莉森·奥格雷迪（Alison O'Grady）和伊利诺伊大学斯拉夫参考服务处的简·亚当奇克（Jan Adamczyk）提供的宝贵帮助，我不可能完成这份研究工作。只有在索尼娅（Sonya）、阿纳托尔·贝克曼（Anatol Bekkerman）和塔蒂亚娜·索斯诺拉（Tatiana Sosnora）的大力协助下，以及莫斯科多媒体艺术博物馆的奥尔加·斯维布洛娃（Olga Sviblova）和米哈伊尔·克拉斯诺夫（Mikhail Krasnov）、圣彼得堡艺术博物馆的纳塔利娅·科帕涅娃（Natalia Kopaneva）以及莫斯科国家历史博物馆的纳塔利娅·朱科娃（Natalia Zhukova）的巨大帮助下，我才能整理出那些让本书增光添彩的图片资源。此外，我还要感谢今日俄罗斯（Rossiya Segodnya）/俄罗斯卫星通讯社的波琳娜·纳扎恩科（Polina Nazarenko）。我在威廉姆斯大学的同事奥尔加·舍甫琴科（Olga Shevchenko）真的无比英勇，她花了几个月的时间帮助我获得了这本书的封面图片。

我很感激以下这些阅读过我的手稿并给出了敏锐而慷慨的评论的才华横溢的朋友和同事，她们是安吉拉·布林特林格（Angela Brintlinger）、海伦娜·戈斯洛（Helena Goscilo）、奥尔加·舍甫琴科（Olga Shevchenko）、艾米·特鲁贝克（Amy Trubek）和珍妮·瓦普纳（Jenny Wapner），感谢她们！对于我写过的所有书籍，我有幸拥有最好的编辑——我的丈夫，迪恩·克劳福德（Dean Crawford），他阅读我写的每一个单词，对词不达意的地方做出纠正。最重要的是，他陪伴我在俄罗斯的狂野之旅中走过四十多年。我对他永远充满感恩和爱。

延伸阅读

Baron, Samuel H., ed. *The Travels of Olearius in Seventeenth-Century Russia*. Stanford, CA: Stanford University Press, 1967.

Boym, Constantin. "My McDonald's." *Gastronomica: The Journal of Food and Culture*, February 2001.

Caldwell, Melissa L. *Dacha Idylls: Living Organically in Russia's Countryside*. Berkeley: University of California Press, 2010.

Chekhov, Anton. "Oysters." In *Chekhov: The Early Stories, 1883-1888*, translated by Patrick Miles and Harvey Pitcher. New York: Macmillan, 1982.

Chekhov, Anton. "The Siren." In *Chekhov: The Comic Stories*, translated by Harvey Pitcher. Chicago: Ivan R. Dee, 1999.

Dinner Is Served: The Russian Museum Culinary Companion. Saint Petersburg: The Russian Museum/Palace Editions, 2013.

Engelgardt, Aleksandr Nikolaevich. *Letters from the Country, 1872-1887*. Translated by Cathy A. Frierson. Oxford: Oxford University Press, 1993.

Ginzburg, Lidiya. *Blockade Diary*. Translated by Alan Myers. London: The Harvill Press, 1995.

Glants, Musya, and Joyce Toomre, eds. *Food in Russian History and Culture*. Bloomington: Indiana University Press, 1997.

Gogol, Nikolai. "Old-World Landowners." In *The Collected Tales of Nikolai Gogol*, edited by Leonard J. Kent. New York: Pantheon Books, 1964.

Goldstein, Darra. "Hot Prospekts: Dining in the New Russia." In *Celebrity and Glamourin Contemporary Russia: Shocking Chic,* edited by Helena Goscilo and Vlad Strukov. Abingdon, UK: Routledge, 2010.

Goldstein, Darra. *Beyond the North Wind: Russia in Recipes and Lore*. California/New York: Ten Speed Press, 2020.

Goldstein, Darra. *A Taste of Russia*. 3rd ed. Montpelier, VT: RIS Publications, 2012.

Goldstein, Darra. "Theatre of the Gastronomic Absurd." *Performance Research* 4, no. 1(1999).

Goldstein, Darra. "Women under Siege: Leningrad 1941-1942." In *From Betty Crocker to Feminist Food Studies: Critical Perspectives on Women and Food,* edited by Arlene Voski Avakian and Barbara Haber. Amherst: University of Massachusetts Press, 2005.

Gronow, Jukka. *Caviar with Champagne: Common Luxury and the Ideals of the Good Life in Stalin's Russia*. Oxford: Berg, 2003.

Lakhtikova, Anastasia, Angela Brintlinger, and Irina Glushchenko, eds. *Seasoned Socialism: Gender and Food in Late Soviet Everyday Life*. Bloomington: Indiana University Press, 2019.

LeBlanc, Ronald D. *Slavic Sins of the Flesh: Food, Sex, and Carnal*

Appetite in Nineteenth-Century Russian Fiction. Durham: University of New Hamp-shire Press, 2009.

Molokhovets, Elena. *Classic Russian Cooking*. Translated by Joyce Toomre. Bloomington: Indiana University Press, 1998.

Pouncy, Carolyn Johnson, ed. *The Domostroi: Rules for Russian Households in the Time of Ivan the Terrible*. Ithaca: Cornell University Press, 1994.

Ries, Nancy. "Potato Ontology: Surviving Postsocialism in Russia." *Cultural Anthropology* 24, no. 2 (2009).

Roosevelt, Priscilla. *Life on the Russian Country Estate: A Social and Cultural History*. New Haven, CT: Yale University Press, 1995.

Russian Fairy Tales. Collected by Aleksandr Afanas'ev. Translated by Norbert Guterman. New York: Pantheon Books, 1945.

Schrad, Mark Lawrence. *Vodka Politics: Alcohol, Autocracy, and the Secret History of the Russian State*. New York: Oxford University Press, 2016.

Smith, R. E. F., and David Christian. *Bread and Salt: A Social and Economic History of Food and Drink in Russia*. Cambridge: Cambridge University Press, 1984.

Sorokin, Vladimir. "Farewell to the Queue, " Words without Borders, September 2008, http://wordswithoutborders. org/article/farewell-to-the-queue.

Trutter, Marion, ed. *Culinaria Russia: A Celebration of Food and Tradition*. Potsdam: H. F. Ullmann publishing, 2013.

Vapnyar, Lara. *Broccoli and Other Tales of Food and Love*. New York: Pantheon Books, 2008.

Wasson, Valentina Pavlovna, and R. Gordon. *Mushrooms, Russia and History*. New York: Pantheon Books, 1957.